McGraw-Hill

Mis matemáticas

¡Este es tu propio libro de matemáticas! Puedes escribir en él, dibujar, encerrar en círculos y colorear a medida que exploras el apasionante mundo de las matemáticas.

Empecemos ahora mismo. Toma un crayón y haz un dibujo que muestre lo que significan las mates para ti.

¡Diviértete!

Dibuja en este espacio.

McGraw Hill Education

connectED.mcgraw-hill.com

 **Education**

STEM McGraw-Hill is committed to providing
instructional materials in Science, Technology, Engineering,
and Mathematics (STEM) that give all students a solid
foundation, one that prepares them for college and careers
in the 21st century.

Send all inquiries to:
McGraw-Hill Education
STEM Learning Solutions Center
8787 Orion Place
Columbus, OH 43240

ISBN: 978-0-02-123394-6 *(Volume 2)*
MHID: 0-02-123394-2

Printed in the United States of America.

12 13 14 LKV 20 19 18

Our mission is to provide educational resources that enable
students to become the problem solvers of the 21st century
and inspire them to explore careers within Science, Technology,
Engineering, and Mathematics (STEM) related fields.

¡Conoce a los artistas!

Wilmer Cortez Cabrera

Los números y mi vida Cuando nos enteramos de que era ganador, mis amigos de clase me abrazaron tanto que caí al piso. Me siento como una estrella. *Volumen 1*

Samantha Garza

Sumo y resto Me gusta leer, bailar y jugar. Hacer esta ilustración fue divertido. *Volumen 2*

Otros finalistas

Clase de K. Jock y M. Kennedy*
El tiempo y el dinero son las mates

Carly Gordon
¡Las mates y el arte juntos son fenomenales!

Manuel Otero
Las mates en línea

Katy Rupnow
¡Las mates están en todas partes!

Ma Myat Thiri Kyaw
El pantano de las mates

Jahni Williams
Todo sobre los números

Clase de Nora Carter
Las mates y la vida diaria

Brittany Schweitzer
Las mates a la mesa

Lillian Gaggin
Reloj de pulsera

Clase de Kristie Mendez*
Sumar con plastilina

Visita www.MHEonline.com para obtener más información sobre los ganadores y otros finalistas.

Felicitamos a todos los participantes del concurso "Lo que las mates significan para mí" organizado por McGraw-Hill en 2011 para diseñar las portadas de los libros de *Mis matemáticas*. Hubo más de 2,400 participantes y recibimos más de 20,000 votos de miembros de la comunidad. Los nombres que aparecen arriba corresponden a los dos ganadores y los diez finalistas de este grado.

*Visita mhmymath.com para ver la lista completa de los estudiantes que contribuyeron a esta ilustración.

CONEXIÓN en línea

Encontrarás todo en
connectED.mcgraw-hill.com

Visita el Centro del estudiante, donde encontrarás el *eBook*, recursos, tarea y mensajes.

Usuario [_____] ✎ Contraseña [_____] ✎

Busca recursos en línea que te servirán de ayuda en clase y en casa.

Vocabulario

Busca actividades para desarrollar el vocabulario.

Observa

Observa animaciones de conceptos clave.

Herramientas

Explora conceptos con material didáctico virtual.

Comprueba

Haz una autoevaluación de tu progreso.

Ayuda en línea

Busca ayuda específica para tu tarea.

Juegos

Refuerza tu aprendizaje con juegos y aplicaciones.

Tutor

Observa cómo un maestro explica ejemplos y problemas.

CONEXIÓN móvil

Escanea este código QR con tu dispositivo móvil* o visita mheonline.com/stem_apps.

*Es posible que necesites una aplicación para leer códigos QR.

v

Resumen del contenido
Organizado por área

CCSS
Estándares estatales

connectED.mcgraw-hill.com

¡Conéctate para lo que necesites
de los estándares estatales!

Capítulo 1

Conceptos de suma

Para comenzar

¡Acampar es fantástico!

Lecciones y tarea

Para terminar

¡Exploremos más en línea!

connectED.mcgraw-hill.com

Capítulo 2 Conceptos de resta

PREGUNTA IMPORTANTE
¿Cómo se restan los números?

Para comenzar

Lecciones y tarea

Para terminar

connectED.mcgraw-hill.com

¡Tu aventura de safari comienza en línea!

Capítulo 3 — Estrategias para sumar hasta el 20

PREGUNTA IMPORTANTE
¿Cómo uso las estrategias para sumar números?

Para comenzar

¡Llegamos a la gran ciudad!

Lecciones y tarea

Para terminar

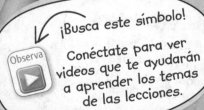

¡Busca este símbolo!

Observa

Conéctate para ver videos que te ayudarán a aprender los temas de las lecciones.

connectED.mcgraw-hill.com

Capítulo 4
Estrategias para restar hasta el 20

PREGUNTA IMPORTANTE
¿Qué estrategias puedo usar para restar?

Para comenzar

Lecciones y tarea

¡Me encanta la playa!

Para terminar

¡Busca este símbolo!
Conéctate para buscar actividades que te ayudarán a desarrollar tu vocabulario.

Vocabulario

connectED.mcgraw-hill.com

Capítulo

5 El valor posicional

PREGUNTA IMPORTANTE
¿Cómo puedo usar
el valor posicional?

Para comenzar

Lecciones y tarea

¡Vamos a la juguetería!

Para terminar

¡En línea hay juegos divertidos!

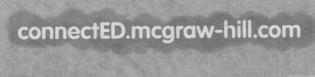

connectED.mcgraw-hill.com

Capítulo 6 Suma y resta con números de dos dígitos

PREGUNTA IMPORTANTE
¿Cómo puedo sumar y restar números de dos dígitos?

Para comenzar

Lecciones y tarea

Para terminar

¡En línea puedes encontrar actividades divertidas!

connectED.mcgraw-hill.com

Capítulo 7 Organizar y usar gráficas

Para comenzar

¡Vamos a estar más activos!

Lecciones y tarea

Para terminar

¡Busca este símbolo! Conéctate para buscar herramientas que te ayudarán a explorar conceptos.

Herramientas

connectED.mcgraw-hill.com

Capítulo 8 — La medición y la hora

PREGUNTA IMPORTANTE
¿Cómo determino la longitud y la hora?

Para comenzar

¡Mira! ¡Soy un perro guardián del tiempo!

Lecciones y tarea

Para terminar

¡Mi salón de clases es divertido!

connectED.mcgraw-hill.com

Capítulo

9 Figuras bidimensionales y partes iguales

Geometría

PREGUNTA IMPORTANTE
¿Cómo puedo reconocer figuras bidimensionales y partes iguales?

Para comenzar

Lecciones y tarea

¡Vamos a la granja!

Para terminar

¡Busca este símbolo!
Conéctate para comprobar tu progreso.

Comprueba

connectED.mcgraw-hill.com

Capítulo 10

Figuras tridimensionales

PREGUNTA IMPORTANTE
¿Cómo puedo identificar figuras tridimensionales?

Para comenzar

Lecciones y tarea

Para terminar

¡Busca este símbolo!
Conéctate para recibir ayuda adicional mientras haces tu tarea.

Ayuda en línea

connectED.mcgraw-hill.com

Organizar y usar gráficas

¡Nos estamos poniendo en forma!

¡Mira el video!

Observa

Mis **estándares** estatales

Medición y datos

1.MD.4 Organizar, representar e interpretar datos de hasta tres categorías; hacer y responder preguntas acerca de la cantidad total de datos (cuántos hay en cada categoría y cuántos más o cuántos menos hay en una categoría con respecto a otra).

Estándares para las
PRÁCTICAS matemáticas

1. Entender los problemas y perseverar en la búsqueda de una solución.
2. Razonar de manera abstracta y cuantitativa.
3. Construir argumentos viables y hacer un análisis del razonamiento de los demás.
4. Representar con matemáticas.
5. Usar estratégicamente las herramientas apropiadas.
6. Prestar atención a la precisión.
7. Buscar una estructura y usarla.
8. Buscar y expresar regularidad en el razonamiento repetido.

= Se trabaja en este capítulo.

Nombre _____

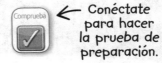
Conéctate para hacer la prueba de preparación.

Cuenta. Escribe el número de objetos que contaste.

1.  _____

2. _____

Encierra en un círculo la respuesta correcta.

3.    es más que
es menos que

4.   es más que
es menos que

Encierra en un círculo la respuesta correcta.

5. En la laguna hay 3 patos. En el granero hay 2 patos. ¿En qué lugar hay más patos?

laguna   granero

Sombrea las casillas para mostrar los problemas que respondiste correctamente.

¿Cómo me fue? → | 1 | 2 | 3 | 4 | 5 |

Las palabras de mis mates

Vocabulario

Repaso del vocabulario

cantidad	forma	tamaño

Usa las palabras para escribir cómo ordenar cada grupo.

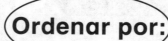

Ordenar por:

Mis tarjetas de vocabulario

Vocabulario abc

PRÁCTICAS
matemáticas

Lección 7-3

datos

Deporte favorito					
Béisbol	⚪	⚪	⚪		
Fútbol	⚽	⚽	⚽	⚽	⚽
Básquetbol	🏀	🏀	🏀	🏀	

Lección 7-1

encuesta

¿Almuerzo de hoy?	
Empacar	卌 卌
Comprar	卌 |||
Comprar solo leche	||||

Lección 7-3

gráfica

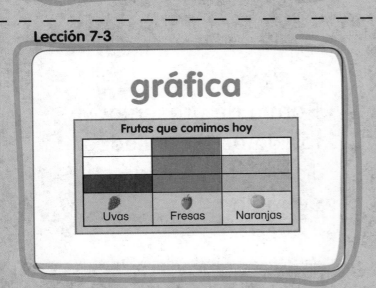

Frutas que comimos hoy

Uvas   Fresas   Naranjas

Lección 7-3

gráfica con imágenes

Color de crayón favorito			
🖍 Rojo	🖍		
🖍 Azul	🖍	🖍	🖍
🖍 Verde	🖍	🖍	

Lección 7-5

gráfica de barras

Deporte favorito							
🏀 Básquetbol							
🏈 Fútbol americano							
⚪ Béisbol							
	0	1	2	3	4	5	6

Lección 7-1

tabla de conteo

Merienda favorita		
Merienda	Conteo	Total
🍿 Palomitas de maíz	卌 |||	8
🍓 Fresa	||	2
🥨 Pretzel	||||	4

Recopilación de datos haciendo la misma pregunta a un grupo de personas.

Números o imágenes que se recopilan para mostrar información.

Gráfica que tiene distintas imágenes para ilustrar datos.

Forma de presentar los datos recopilados. También, un tipo de tabla.

Tabla que muestra una marca por cada voto en una encuesta.

Gráfica que usa barras para ilustrar datos.

FOLDABLES® Sigue los pasos que aparecen en el reverso para hacer tu modelo de papel.

Tabla de conteo

Merienda favorita		
Merienda	Conteo	Total
🍎 Manzana		
Pretzel		
Jugo		

Gráfica con imágenes

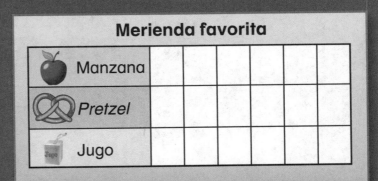

Merienda favorita

🍎 Manzana					
Pretzel					
Jugo					

Gráfica de barras

Merienda favorita

🍎 Manzana						
Pretzel						
Jugo						
	0	1	2	3	4	5	6

¿Cuál es tu merienda favorita?

_____ **manzana**

_____ *pretzel*

_____ **jugo**

¿Cuántos se encuestaron en total?

_____

Nombre
....

Tablas de conteo

Lección 1

PREGUNTA IMPORTANTE
¿Cómo hago
y leo gráficas?

¡Me encanta bailar!

Explorar y explicar

Herramientas

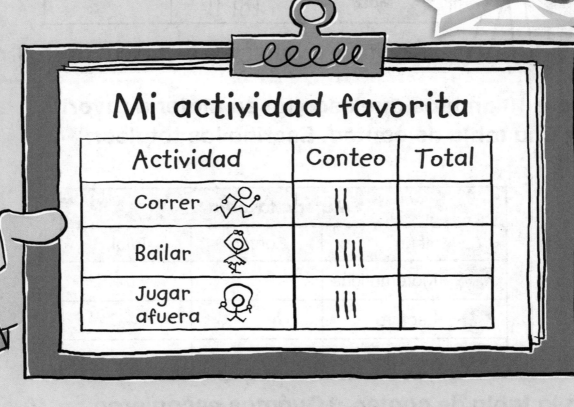

Mi actividad favorita

Actividad		Conteo	Total
Correr		II	
Bailar		IIII	
Jugar afuera		III	

_____ – _____ = _____ personas más

Escribe tu enunciado de resta aquí.

Instrucciones para el maestro: Pida a los niños que usen ■ para representar el número de personas que votaron por cada actividad. Dígales que escriban los totales. Pregunte: *¿A cuántas personas más les gusta bailar que correr?* Pídales que escriban un enunciado de resta para resolver.

Ver y mostrar

Una **tabla de conteo** muestra una marca por cada voto en una encuesta. Una **encuesta** hace la misma pregunta a un grupo de personas.

¡Soy el ganador!

Alimentos favoritos		
Alimento	Conteo	Total
Zanahoria	|||	3
Guisante	||	2
Maíz	||||| ||	7

| significa 1 voto. ||||| significa 5 votos.

Pide a 10 amigos que escojan su materia favorita. Haz una tabla de conteo. Escribe los totales.

Materia favorita		
Materia	Conteo	Total
Matemáticas		
Lectura		
Ciencias		

Usa la tabla de conteo. ¿Cuántos escogieron cada materia?

1. _____   2. _____   3. _____

Habla de las mates   ¿Cómo se usan las marcas de conteo para realizar encuestas?

Nombre _____

Por mi cuenta

Escribe los totales. Usa la tabla para responder a las preguntas.

¿Cuál es tu color favorito?		
Color	Conteo	Total
Rojo	~~HHT~~ III	
Azul	III	
Violeta	~~HHT~~	

4. ¿Cuántas personas escogieron rojo? _____

5. ¿Cuántas personas escogieron violeta?

_____

6. ¿Les gusta a más personas el violeta o el azul?

_____

7. ¿A cuántas personas más les gusta el rojo que el azul? _____

8. ¿Les gusta a más personas el rojo o el violeta?

_____

9. ¿A cuántas personas menos les gusta el azul que el violeta? _____

10. ¿Cuántas personas se encuestaron en total?

_____

Resolución de problemas

11. Encierra en un círculo la tabla de conteo que muestra que a 2 estudiantes les gustan las galletas, a 6 estudiantes les gustan los plátanos y a 4 estudiantes les gustan las zanahorias.

Merienda favorita	
Merienda	Conteo
Galletas	||
Plátanos	~~||||~~	
Zanahorias	||||

Merienda favorita	
Merienda	Conteo
Galletas	||||
Plátanos	||
Zanahorias	~~||||~~	

Problema S.O.S. Susana da una fiesta. Les pide a sus invitados que escojan su pizza favorita. ¿Cuál pizza ordena? Explica tu respuesta.

Pizza favorita		
Pizza	Conteo	Total
Queso	~~||||~~ ||	7
Pepperoni	|||	3
Salchicha	||	2

Nombre

Mi tarea

Asistente de tareas

¿Necesitas ayuda? connectED.mcgraw-hill.com

Una tabla de conteo muestra una marca por cada voto en una encuesta. | significa 1 voto. ||||| significa 5 votos.

Juguete para montar favorito		
Juguete para montar	Conteo	Total
Patineta	||	2
Bicicleta	|||| ||	7
Monopatín	||||	5

¿Cuántos votos recibió la patineta?

2 votos

Práctica

Escribe los totales. Usa la tabla para responder a las preguntas.

Actividad favorita		
Actividad	Conteo	Total
Arte	||||		
Música	|||| |||	
Deportes	||||	

1. ¿Cuántos votos más recibió música que arte? _____

2. ¿Cuántas personas se encuestaron? _____

Escribe los totales. Usa la tabla para responder a las preguntas.

Mi estación favorita		
Estación	Conteo	Total
Verano	⊬⊬ ||	
Otoño	⊬⊬ ||||	
Primavera	||||	

3. ¿A cuántas personas les gusta el otoño? _____

4. ¿A cuántas personas más les gusta el verano que la primavera? _____

5. ¿Les gusta a 7 personas el verano o el otoño? _____

6. ¿Cuántas personas se encuestaron? _____

Comprobación del vocabulario

Completa las oraciones.

encuesta   **tabla de conteo**

7. Puedes recopilar datos haciendo una _____.

8. Una _____ muestra datos usando marcas de conteo.

 Las mates en casa Pida a su niño o niña que haga una tabla de conteo para ilustrar cuál deporte le gusta más a su familia: fútbol americano o béisbol.

Nombre

Resolución de problemas

ESTRATEGIA: Hacer una tabla

Lección 2

PREGUNTA IMPORTANTE
¿Cómo hago
y leo gráficas?

Kimi compra una camiseta.
Tiene una raya en cada manga.
Tiene 4 palabras y una imagen.
¿Cuál camiseta compró?

1   2   3

1 Comprende
Subraya lo que sabes.
Encierra en un círculo
lo que debes hallar.

2 Planea
¿Cómo resolveré el problema?

3 Resuelve
Voy a hacer una tabla.

Camiseta	Imagen	Palabras	Rayas
1	No	1	Sí
2	Sí	4	Sí
3	Sí	2	No

4 Comprueba
¿Es razonable mi respuesta?
¿Por qué?

Practica la estrategia

Una clase de primer grado recoge
11 latas. Una clase de segundo grado
recoge 5 latas. ¿Cuántas latas más
recogió la clase de primer grado?

¡Podemos hacerlo!

1 Comprende Subraya lo que sabes.
Encierra en un círculo
lo que debes hallar.

2 Planea ¿Cómo resolveré el problema?

3 Resuelve Voy a...

Grado	Latas recogidas
1	
2	

____ – ____ = ____ latas más

4 Comprueba ¿Es razonable mi respuesta?
¿Por qué?

Nombre

Aplica la estrategia

1. Cuenta los animales. Haz una tabla.

Animal	¿Cuántos hay?
Pollo	
Perro	
Vaca	

Usa la tabla para responder a las preguntas.

2. ¿Cuántas vacas más que perros hay? _____

3. ¿Cuántos animales hay en total? _____

4. Raúl, Sofía y Laura tienen cada uno una mascota.
Las mascotas son un pájaro, una serpiente y un gato.
La mascota de Sofía tiene 2 patas. La mascota de
Raúl tiene 0 patas. La mascota de Laura tiene 4 patas.

¿Quién tiene un pájaro como mascota?		
Nombre	Número de patas	Mascota
Raúl		
Sofía		
Laura		

¿Quién tiene un pájaro como mascota? _____

Repasa las estrategias

Escoge una estrategia
- Hacer una tabla.
- Escribir un enunciado numérico.
- Dibujar un diagrama.

5. Hay 3 platos. En cada plato hay 2 zanahorias. ¿Cuántas zanahorias hay en total?

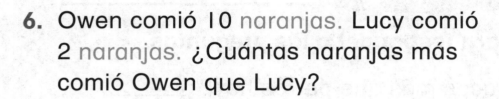

Soy pequeña, pero ¡fuerte!

_____ zanahorias

6. Owen comió 10 naranjas. Lucy comió 2 naranjas. ¿Cuántas naranjas más comió Owen que Lucy?

_____ naranjas **más**

7. Hay 3 árboles de arce. Hay 5 árboles de roble. Hay 8 árboles de secoya. ¿Cuántos árboles de roble y arce hay en total?

_____ árboles

Mi tarea

Asistente de tareas ¿Necesitas ayuda? connectED.mcgraw-hill.com

Carlos compra una caja de cereal.
Tiene una imagen de 1 abeja y
2 palabras. La caja es anaranjada.
¿Cuál caja de cereal compra?

1 Comprende Subraya lo que sabes.
Encierra en un círculo
lo que debes hallar.

2 Planea ¿Cómo resolveré el problema?

3 Resuelve Voy a hacer una tabla.

Caja	Una imagen de abeja	Palabras	Color
1	Sí	0	Anaranjado
2	Sí	2	Anaranjado
3	No	2	Café

4 Comprueba ¿Es razonable mi respuesta?

Resolución de problemas

Subraya lo que sabes. Encierra en un círculo lo que debes hallar. Haz una tabla para resolver.

1. El juguete de Ana tiene 4 ruedas. El juguete de Fabio tiene 1 rueda. El juguete de Brad tiene 2 ruedas. Los juguetes son un monociclo, una bicicleta y un carro de juguete. ¿Quién tiene la bicicleta?

Nombre	Ruedas	Juguete para montar
Ana		
Brad		
Fabio		

_____

2. Matt compra un par de zapatos. Tienen cordones negros, 3 rayas y son azules. ¿Cuáles zapatos compra?

Zapatos	Cordones negros	Rayas	Color
1			
2			
3			

1   2   3

Las mates en casa Haga una tabla y pida a su niño o niña que la complete con datos de objetos de su casa. Pueden ser datos de mascotas, personas o muebles.

Nombre

Hacer gráficas con imágenes

¡Vamos al hielo!

Explorar y explicar Observa

Actividad de invierno favorita					
Deslizarse en trineo					
Patinar sobre hielo					
Practicar *hockey*					

 Instrucciones para el maestro: Pida a 5 niños que voten por su actividad de invierno favorita. Dígales que muestren estos votos dibujando círculos en las casillas.

Ver y mostrar

Una **gráfica** muestra información o **datos.**
Una **gráfica con imágenes** usa imágenes para ilustrar datos.
Puedes usar una tabla de conteo para hacer una gráfica con imágenes.

Color de manzana favorito

Color	Conteo	Total
🍎 Rojo	I	1
🍏 Amarillo	III	3
🍏 Verde	II	2

Color de manzana favorito

🍎 Rojo	○		
🍏 Amarillo	○	○	○
🍏 Verde	○	○	

Completa la tabla de conteo y la gráfica con imágenes.

1. Escribe los totales en la tabla de conteo.

Figura favorita

Figura	Conteo	Total
△ Triángulo	IIII	
⬤ Círculo	I	
◼ Cuadrado	III	

2. Usa la tabla de conteo del ejercicio 1 para hacer una gráfica con imágenes.

Figura favorita

△ Triángulo					
⬤ Círculo					
◼ Cuadrado					

Habla de las mates ¿Qué es una gráfica con imágenes? Descríbela.

Por mi cuenta

Completa la tabla de conteo y la gráfica con imágenes.

3. Escribe los totales en la tabla de conteo.

Tiempo favorito		
Tiempo	Conteo	Total
☀ Soleado	II	
💧 Lluvioso	⊬⊬⊬ I	
☁ Nublado	⊬⊬⊬	

¡Es difícil mantener secas estas plumas!

4. Usa la tabla de conteo del ejercicio 3 para hacer una gráfica con imágenes.

Tiempo favorito								
☀ Soleado								
💧 Lluvioso								
☁ Nublado								

Resolución de problemas

Completa la gráfica con imágenes.

5. Miguel pregunta a sus amigos acerca de su mascota favorita. A 3 personas les gustan los peces. A 2 personas menos les gustan los gatos. A 4 personas les gustan los perros.

Mascota favorita

🐕 Perro						
🐱 Gato						
🐟 Pez						

¡Miau!

Las mates en palabras

¿Cómo muestra una imagen un número en la gráfica? Explica tu respuesta.

_____

_____

_____

_____

_____

_____

Mi tarea

Asistente de tareas

Ayuda en línea

¿Necesitas ayuda? connectED.mcgraw-hill.com

Una gráfica con imágenes usa imágenes para ilustrar datos. Puedes usar una tabla de conteo para hacer una gráfica con imágenes.

Flor favorita		
Flor	Conteo	Total
Margarita	IIII	4
Rosa	II	2
Tulipán	ℍ	5

Flor favorita					
Margarita					
Rosa					
Tulipán					

Práctica

1. Escribe los totales en la tabla de conteo.

Sabor de jugo favorito		
Sabor	Conteo	Total
Naranja	ℍ I	
Uva	IIII	
Limonada	II	

2. Usa la tabla de conteo del ejercicio 1 para hacer una gráfica con imágenes.

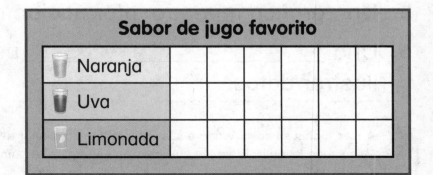

Sabor de jugo favorito					
Naranja					
Uva					
Limonada					

3. Escribe los totales en la tabla de conteo.

¡Listo para jugar!

Juguete favorito		
Juguete	Conteo	Total
🦴 Hueso	IIII	
🪢 Cuerda	IIII I	
🔵 Pelota	IIII II	

4. Usa la tabla de conteo del ejercicio 3 para hacer una gráfica con imágenes.

Juguete favorito							
🦴 Hueso							
🪢 Cuerda							
🔵 Pelota							

Comprobación del vocabulario

Completa las oraciones.

datos 　　　　**gráfica con imágenes**

5. Una gráfica muestra información o _____.

6. Una _____ usa imágenes para ilustrar datos.

Las mates en casa Ayude a su niño o niña a encuestar a 5 personas para averiguar cuál es su cena favorita. Pídanles que escojan entre pizza o hamburguesa. Luego, ayúdelo a hacer una gráfica con imágenes para ilustrar la información.

Leer gráficas con imágenes

Lección 4

PREGUNTA IMPORTANTE
¿Cómo hago y leo gráficas?

¡Lo verde es bueno!

Explorar y explicar

Alimento favorito

Zanahoria	🥕	🥕	🥕	🥕				
Guisante	🫛							
Maíz	🌽	🌽	🌽	🌽	🌽	🌽	🌽	🌽

_____ personas

Instrucciones para el maestro: Pida a los niños que usen ▨ para representar el número de personas que escogieron su alimento favorito. Diga: *Escriban a cuántas personas les gusta cada alimento y cuántas personas se encuestaron.*

Ver y mostrar

Las imágenes de una gráfica con imágenes indican cuántos hay.

Cómo llego a la escuela

🚌 En autobús	🚌	🚌	🚌	🚌	🚌	🚌	🚌	
🚲 En bicicleta	🚲	🚲						
🚶 Caminando	🚶	🚶	🚶	🚶				

¿Cuántas personas más van en autobús que caminando?

3 _____ personas

Usa la gráfica para responder a las preguntas.

Bebida favorita

Leche chocolatada	🥛	🥛	🥛	🥛	🥛	🥛	🥛
Jugo de naranja	🥤	🥤	🥤				
Jugo de uva	🥤	🥤	🥤				

1. ¿Cuántas personas se encuestaron en total?

   _____

2. ¿Cuál bebida recibió el mismo número de votos que el jugo de uva? _____

3. ¿Les gusta a más personas la leche chocolatada o el jugo de naranja? _____

¡Mmmmm!

Habla de las mates

Explica cómo lees las gráficas con imágenes.

Por mi cuenta

Usa la gráfica para responder a las preguntas.

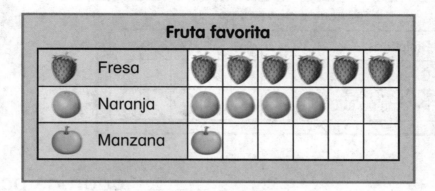

Fruta favorita

🍓	Fresa	🍓	🍓	🍓	🍓	🍓	🍓
🍊	Naranja	🍊	🍊	🍊	🍊		
🍎	Manzana	🍎					

4. ¿Cuántas personas escogieron fresa?

    _____

5. ¿Escogieron más personas la naranja
   o la manzana? _____

6. ¿Escogieron menos personas la manzana
   o la fresa? _____

7. ¿Cuántas personas más escogieron fresa
   que naranja? _____

8. ¿Cuántas personas menos escogieron manzana
   que naranja? _____

9. ¿Cuántas personas se encuestaron?_____

Resolución de problemas

10. Daniel está contando artículos deportivos. Cuenta 14 artículos en total. ¿Cuántas cuerdas para saltar cuenta?

Artículos deportivos						
🚲 Bicicletas	🚲	🚲	🚲	🚲	🚲	
Cuerdas para saltar						
⚽ Pelotas de fútbol	⚽	⚽	⚽	⚽		

¡Primero la seguridad!

_____ cuerdas para saltar

Problema S.O.S. Tina hace una pregunta acerca de la gráfica con imágenes. La respuesta es los columpios. ¿Cuál es la pregunta?

Juego de parque favorito				
Columpios	🛝	🛝	🛝	🛝
Subibaja	⚖	⚖		
Tobogán	🛝	🛝	🛝	

_____

_____

_____

_____

Nombre

Mi tarea

Asistente de tareas ¿Necesitas ayuda? connectED.mcgraw-hill.com

Las imágenes de una gráfica con imágenes indican cuántos hay.

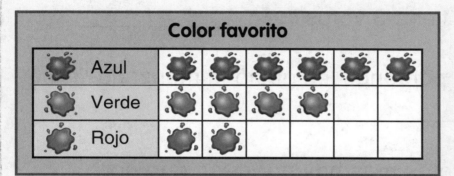

¿Cuál color tiene la mayoría de los votos?

azul

Práctica

Usa la gráfica para responder a las preguntas.

1. ¿Les gusta a más estudiantes el béisbol o correr

en pista? _____

2. ¿Cuántos estudiantes votaron por básquetbol?

_____

Usa la gráfica para responder a las preguntas.

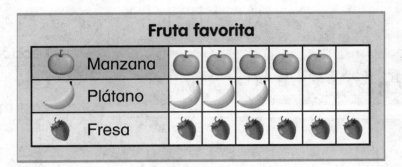

Fruta favorita

🍎	Manzana	🍎	🍎	🍎	🍎	🍎	
🍌	Plátano	🍌	🍌	🍌			
🍓	Fresa	🍓	🍓	🍓	🍓	🍓	🍓

3. ¿Les gusta a más personas el plátano o la fresa? _____

4. ¿Cuál fruta tiene 3 votos? _____

5. ¿A cuántas personas les gusta la manzana?

_____

6. ¿Cuántos votos más hay por fresa que por manzana? _____

Práctica para la prueba

7. ¿Cuántos votos representa cada imagen en una gráfica con imágenes?

   1   2   3   4

   ○   ○   ○   ○

Las mates en casa Pida a su niño o niña que recoja en casa 3 clases distintas de monedas. Pídale que las coloque en filas separadas de acuerdo con el tipo de moneda. Luego, hágale preguntas acerca del número de monedas que hay en cada grupo.

Compruebo mi progreso

Comprobación del vocabulario

Traza líneas para relacionar.

1. **gráfica con imágenes**   Gráfica que tiene distintas imágenes para ilustrar datos.

2. **datos**   Recopilación de datos haciendo la misma pregunta a un grupo de personas.

3. **encuesta**   Números o imágenes que se recopilan para mostrar información.

4. **tabla de conteo**   Tabla que muestra una marca por cada voto en una encuesta.

Comprobación del concepto

Escribe los totales. Usa la tabla de conteo para responder a la pregunta.

5. ¿Cuál deporte tiene más votos que básquetbol?

_____

Deporte favorito		
Deporte	Conteo	Total
⚽ Fútbol	ⵀⵀ |||	
🏀 Básquetbol	ⵀⵀ	
⚾ Béisbol	|||	

Laura les preguntó a sus amigas acerca de su color favorito.

Color favorito		
Color	Conteo	Total
Verde	IIII	
Azul	₶	
Rojo	II	

Color favorito

Verde					
Azul					
Rojo					

6. Escribe los totales en la tabla de conteo.

7. Usa la tabla de conteo para completar la gráfica con imágenes.

8. ¿Escogieron más personas azul o verde? _____

9. ¿Cuántas personas escogieron rojo? _____

10. ¿Escogieron menos personas azul o rojo? _____

11. ¿Cuántas personas más escogieron verde que rojo?

_____

12. Cuántas personas se encuestaron? _____

Hacer gráficas de barras

 Explorar y explicar Observa

¡Diversión en el sol!

Actividad de verano favorita						
Nadar						
Navegar						
Esquiar en el agua						

0 1 2 3 4 5 6

 Instrucciones para el maestro: Pida a 6 niños que escojan su actividad de verano favorita. Diga a cada estudiante que sombree con un crayón 1 casilla por la actividad que escogió. Pídales que cuenten los totales y los comenten con un compañero o una compañera.

Ver y mostrar

Una **gráfica de barras** usa barras para ilustrar información o datos. Usa la tabla de conteo para hacer una gráfica de barras.

Merienda saludable favorita

Merienda	Conteo	Total
Manzana	||	2
Queso	|	1
Apio	|||	3

Merienda saludable favorita

	Manzana			
	Queso			
	Apio			
	0	1	2	3

1. Escribe los totales en la tabla de conteo.

Figuras que veo

Figuras	Conteo	Total
Cuadrado	⊞ |	
Triángulo	||||	
Círculo	⊞ ||	

2. Usa la tabla de conteo del ejercicio 1 para hacer una gráfica de barras.

Figuras que veo

Cuadrado						
Triángulo						
Círculo						

¿Qué es una gráfica de barras? Descríbela.

Copyright © The McGraw-Hill Companies, Inc.

Por mi cuenta

Pregunta a 10 amigos cuál es su actividad favorita en el parque.

3. Escribe los totales en la tabla de conteo.

Actividad en el parque		
Actividad	Votos	Total
🪢 Saltar a la cuerda		
🛝 Deslizarse en el tobogán		
🏀 Jugar al básquetbol		

4. Usa la tabla de conteo del ejercicio 3 para hacer una gráfica de barras.

Actividad en el parque										
🪢 Saltar a la cuerda										
🛝 Deslizarse en el tobogán										
🏀 Jugar al básquetbol										

¡Esta debe ser una buena jugada!

Resolución de problemas

5. Una encuesta muestra que a 1 persona le gusta la avena, a 8 personas les gustan los panqueques y a 3 personas les gustan los huevos revueltos. ¿Cuántas personas se encuestaron?

¡Este es un trabajo pegajoso!

_____ personas

6. Andy vio peces y cangrejos en la playa. Vio 13 animales en total. Si vio 8 cangrejos, ¿cuántos peces vio?

_____ peces

Las mates en palabras

¿Cómo muestras cada voto en una gráfica de barras? Explica tu respuesta.

_____

_ _ _ _ _ _ _ _ _ _ _ _ _ _ _

_____

_ _ _ _ _ _ _ _ _ _ _ _ _ _ _

_____

_ _ _ _ _ _ _ _ _ _ _ _ _ _ _

_____

Mi tarea

Asistente de tareas

Ayuda
en línea

¿Necesitas ayuda? connectED.mcgraw-hill.com

Puedes usar una tabla de conteo para hacer una gráfica de barras.

Manera de desplazarse favorita

Manera de desplazarse	Conteo	Total
Caminar	⊮⊮ |||	8
Correr	⊮⊮		6
Saltar	|||	3

Manera de desplazarse favorita

Caminar									
Correr									
Saltar									

0 1 2 3 4 5 6 7 8

Práctica

1. Escribe los totales en la tabla de conteo.

Vehículo favorito

Vehículo		Conteo	Total
	Carro	⊮⊮		
	Camioneta	|||	
	Camión	⊮⊮ ||||	

2. Usa la tabla de conteo del ejercicio 1 para hacer una gráfica de barras.

Vehículo favorito

Carro										
Camioneta										
Camión										

0 1 2 3 4 5 6 7 8 9

3. Escribe los totales en la tabla de conteo.

Fruta favorita		
Fruta	Conteo	Total
Naranja	‖‖ ‖‖	
Plátano	‖‖ ‖	
Cereza	‖‖	

¡Soy la más dulce!

4. Usa la tabla de conteo del ejercicio 3 para hacer una gráfica de barras.

Fruta favorita

Naranja										
Plátano										
Cereza										

0 1 2 3 4 5 6 7 8 9

Comprobación del vocabulario

Vocabulario
abc

Completa las oraciones.

gráfica con imágenes   **gráfica de barras**

5. Una _____ usa barras para ilustrar datos.

6. Una _____ usa imágenes para ilustrar datos.

Las mates en casa Pida a su niño o niña que haga una gráfica de barras para ilustrar el número de mascotas y de personas que viven en casa.

Nombre

Leer gráficas de barras

¿Listos para entrenarse?

Explorar y explicar

Observa Herramientas

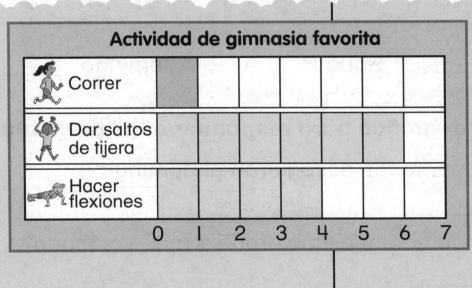

Actividad de gimnasia favorita

	Correr							
	Dar saltos de tijera							
	Hacer flexiones							
	0	1	2	3	4	5	6	7

_____

_____

_____

_____ personas

 Instrucciones para el maestro: Pida a los niños que usen ▬ para representar el número de personas que escogieron su actividad de gimnasia favorita. Dígales que escriban cuántas personas escogieron cada actividad de gimnasia y cuántas personas se encuestaron en total.

Ver y mostrar

Las barras de una gráfica de barras indican cuántos hay.
Observa dónde termina cada barra. Lee el número.

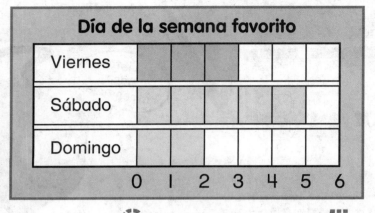

Día de la semana favorito

	0	1	2	3	4	5	6
Viernes							
Sábado							
Domingo							

Pista
Las barras de una gráfica de barras pueden ser horizontales o verticales.

Viernes __3__   Sábado __5__   Domingo __2__

Usa la anterior gráfica para responder a las preguntas.

1. ¿Cuántas personas escogieron el domingo?

   _____

2. ¿Cuántas personas escogieron viernes y sábado?

   _____

3. ¿Cuál día tiene 1 voto menos que el viernes?

   _____

4. ¿Cuál día tiene 2 votos más que el viernes?

   _____

5. ¿Cuántas personas se encuestaron? _____

Habla de las mates

¿Por qué se llama gráfica de barras a la anterior gráfica?

Nombre

¡Qué rico!

Por mi cuenta

Usa la gráfica para responder a las preguntas.

6. ¿Cuántas personas escogieron pavo?

   _____

7. ¿Cuántas personas más escogieron mantequilla de cacahuate que pavo?

   _____

8. ¿Escogieron más personas jamón o pavo? _____

9. ¿Qué clase de sándwich prefieren más que el de jamón?

   _____

   _____

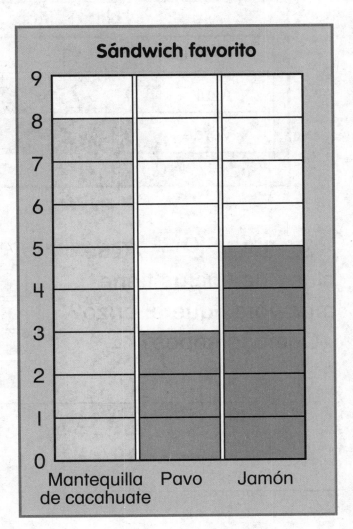

10. ¿Escogieron menos personas mantequilla de cacahuate o pavo? _____

11. ¿Cuántas personas se encuestaron?

    _____

Resolución de problemas

12. Una clase hizo una gráfica de barras acerca
del color de lápices que usaba. ¿Cuál color
de lápiz recibió menos votos que el verde?

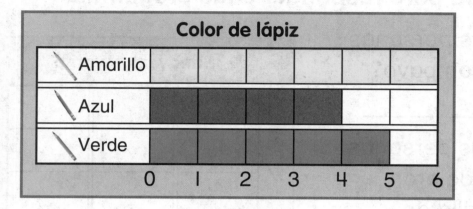

Color de lápiz

Amarillo						
Azul						
Verde						

0 1 2 3 4 5 6

_____

Problema S.O.S. ¿Qué
clase de cactus tiene
más votos que el erizo?
¿Cómo lo sabes?

Clases de cactus

Saguaro										
Nopal										
Erizo										

0 1 2 3 4 5 6 7 8 9

Nombre

Medición y datos
1.MD.4

CCSS

Mi tarea

Lección 6

Leer gráficas de barras

Asistente de tareas

¿Necesitas ayuda? connectED.mcgraw-hill.com

Las barras de una gráfica de barras indican cuántos hay. Observa dónde termina cada barra. Lee el número.

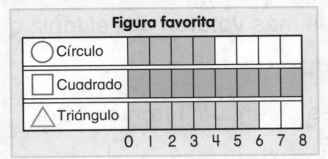

¿Cuál figura tiene la mayoría de los votos?

cuadrado

Práctica

Usa la gráfica para responder a las preguntas.

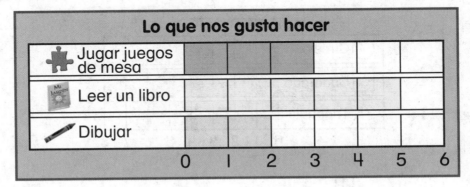

1. ¿A cuántos estudiantes les gusta dibujar?

   _____

2. ¿Cuál actividad recibió menos votos que jugar juegos de mesa? _____

Capítulo 7 • Lección 6   545

Copyright © The McGraw-Hill Companies, Inc.

Usa la gráfica para responder a las preguntas.

3. ¿Cuántos estudiantes votaron por el lápiz?

_____

4. ¿Cuál artículo escolar recibió menos de 3 votos?

_____

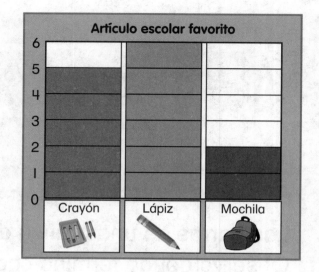

5. ¿Cuántos estudiantes más votaron por el lápiz que por la mochila? _____

6. ¿Cuántos estudiantes se encuestaron en total?

_____

Práctica para la prueba

7. ¿Cuántas personas se encuestaron en total?

Figura favorita

Círculo
Cuadrado
Triángulo

0 1 2 3 4 5 6 7 8

20   18   8   6

○   ○   ○   ○

Las mates en casa Cree una gráfica de barras que ilustre la estación favorita de los miembros de su familia. Hágale preguntas a su niño o niña acerca de la gráfica.

Mi repaso

Comprobación del vocabulario

Completa las oraciones.

datos

encuesta

gráfica con imágenes

gráfica de barras

1. Una _____ ilustra datos usando barras.

2. Una _____ ilustra datos usando imágenes.

3. Otra palabra para información es _____.

4. Puedes recopilar datos realizando una _____.

Comprobación del concepto

Escribe los totales. Usa la tabla para responder a la pregunta.

5. ¿Les gusta a más personas saltar o correr?

_____

Manera de desplazarse favorita		
Movimiento	Conteo	Total
Caminar	|||	
Correr	||||	
Saltar	|||	

6. Escribe los totales en la tabla de conteo.

Animal marino favorito		
Animal	Conteo	Total
🐋 Ballena	II	
🐬 Delfín	IIII I	
🦈 Tiburón	IIII IIII	

7. Usa la tabla de conteo del ejercicio 6 para hacer una gráfica de barras.

Animal marino favorito										
🐋 Ballena										
🐬 Delfín										
🦈 Tiburón										
	0	1	2	3	4	5	6	7	8	9

Usa las anteriores gráficas para responder a las preguntas.

8. ¿Cuántas personas escogieron el delfín? _____

9. ¿Cuál animal marino recibió menos de 5 votos?

_____

10. ¿Cuántas personas escogieron tiburón y ballena?

_____

11. ¿Cuántas personas se encuestaron? _____

Resolución de problemas

Completa la tabla de conteo.

12. Adam les preguntó a sus amigos acerca de su materia favorita. A 6 les gustan las matemáticas.

Materia favorita		
Materia	Conteo	Total
Matemáticas	ЖІ	
Ciencias	ІІІІ	
Lectura	ІІІ	

Práctica para la prueba

13. Karen cuenta cuántos vasos de agua bebe cada persona al día. ¿Cuántos vasos de agua bebe su papá?

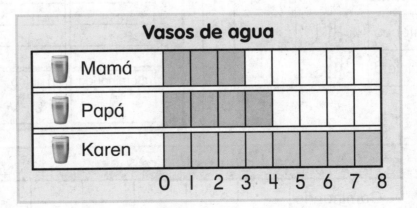

0   3   4   8
○   ○   ○   ○

Pienso

Usa los datos para hacer las gráficas.

PREGUNTA IMPORTANTE

¿Cómo hago y leo gráficas?

Hay 3 personas que llegan a la escuela caminando.
Hay 6 personas que llegan a la escuela en autobús.
Hay 4 personas que llegan a la escuela en bicicleta.

Cómo llegamos a la escuela

Medio	Conteo	Total
Caminando	|||	
En autobús	||||		
En bicicleta	||||	

Cómo llegamos a la escuela

8
7
6
5
4
3
2
1
0

| Caminando | En autobús | En bicicleta |

Cómo llegamos a la escuela

Caminando						
En autobús						
En bicicleta						

¡Ahora ya sé!

PREGUNTA IMPORTANTE

¿Cómo determino la longitud y la hora?

¡Las normas de mi escuela!

¡Mira el video!

Observa

Mis **estándares** estatales

Medición y datos

1.MD.1 Ordenar tres objetos según su longitud; comparar indirectamente las longitudes de dos objetos usando un tercer objeto.

1.MD.2 Expresar la longitud de un objeto como un número natural de unidades de longitud, colocando varias unidades de un objeto más corto (tomado como la unidad de longitud) de modo tal que el extremo de un objeto se toque con el extremo del siguiente; comprender que la longitud de un objeto es la cantidad de unidades de igual longitud que se extienden a lo largo de él sin dejar espacios vacíos ni superponerse.

1.MD.3 Decir y escribir la hora, usando una hora o media hora como unidades, y valiéndose de relojes analógicos y digitales.

Estándares para las
PRÁCTICAS
matemáticas

1. Entender los problemas y perseverar en la búsqueda de una solución.
2. Razonar de manera abstracta y cuantitativa.
3. Construir argumentos viables y hacer un análisis del razonamiento de los demás.
4. Representar con matemáticas.
5. Usar estratégicamente las herramientas apropiadas.
6. Prestar atención a la precisión.
7. Buscar una estructura y usarla.
8. Buscar y expresar regularidad en el razonamiento repetido.

= Se trabaja en este capítulo.

Nombre

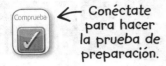
Encierra en un círculo el objeto más largo.

1.

2.

Observa el cordel.

3. Dibuja algo más largo.

4. Dibuja algo más corto.

5. ¿Qué número sigue?

6, 7, 8, _____

6. Sigo después del 10. Estoy antes del 12. ¿Qué número soy?

_____

Sombrea las casillas para mostrar los problemas que respondiste correctamente.

¿Cómo me fue?

1	2	3	4	5	6

Las palabras de mis mates

Vocabulario

Repaso del vocabulario

más corto   más largo

**Lee cada pregunta. Encierra en un círculo
la respuesta correcta. En el recuadro de abajo,
dibuja un objeto que sea más corto que tu lápiz.**

¡Comparemos!

¿Cuál es más largo?

¿Cuál es más corto?

¡Mi dibujo!

Mis tarjetas de vocabulario

Lección 8-1

corto

corto

más corto

el más corto

Lección 8-5

en punto

Son las 9 en punto.

Lección 8-5

hora

I hora = 60 minutos

Lección 8-1

largo

largo

más largo

el más largo

Lección 8-1

longitud

Lección 8-5

manecilla horaria

Palabra que se usa para decir la hora. Describe la posición del minutero al comienzo de la hora.

Manera de describir la longitud de dos (o más) objetos.

Manera de comparar la longitud de dos (o más) objetos.

Unidad que se usa para medir el tiempo. 1 hora = 60 minutos

Manecilla del reloj analógico que indica la hora. Es la manecilla más corta.

Medida que indica el largo de algo.

Mis tarjetas de vocabulario

PRÁCTICAS matemáticas

Lección 8-7

media hora

5 y media
5:30

Lección 8-3

medir

Lección 8-5

minutero

Lección 8-5

minuto

1 minuto = 60 segundos

Lección 8-5

reloj analógico

Lección 8-6

reloj digital

Hallar la longitud de un objeto mediante unidades estándares o no estándares.

Media hora es igual a 30 minutos. A veces se dice *hora y media*.

Unidad que se usa para medir el tiempo. I minuto = 60 segundos

Manecilla del reloj analógico que indica los minutos. Es la manecilla más larga.

Reloj que usa solo números para mostrar la hora.

Reloj que usa una manecilla horaria, un minutero y números para mostrar la hora.

Mis tarjetas de vocabulario

Lección 8-3

unidad

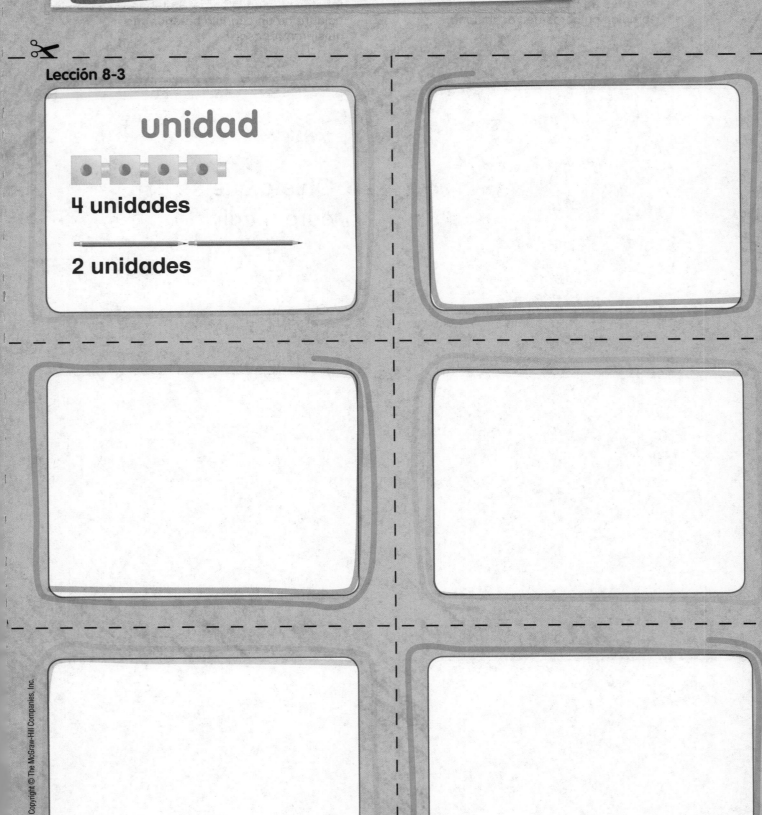

4 unidades

2 unidades

- Pida a los estudiantes que usen las tarjetas en blanco para escribir sus propias palabras de vocabulario.

- Pida a los estudiantes que usen las tarjetas en blanco para escribir una palabra de un capítulo anterior que quisieran repasar.

Objeto que se usa para medir.

FOLDABLES®
Ayudas de estudio

 1

 2

 3

Comparar longitudes

Lección 1
PREGUNTA IMPORTANTE ?
¿Cómo determino la longitud y la hora?

Explorar y explicar Observa

¿Será que cabremos?

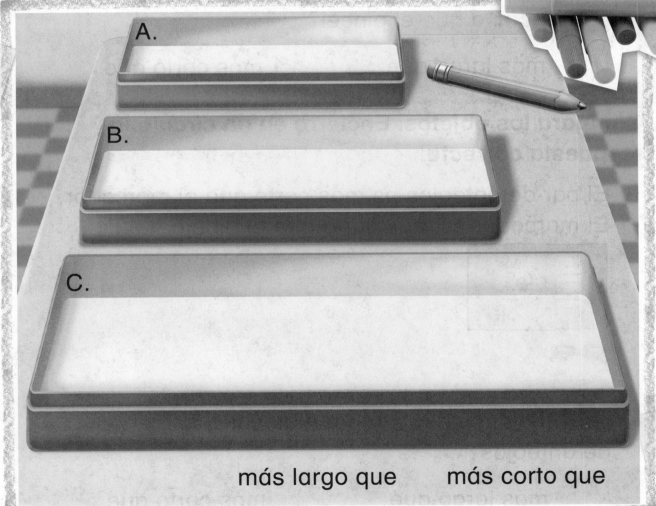

A.

B.

C.

más largo que   **más corto que**

 Instrucciones para el maestro: Pida a los niños que observen alrededor del salón de clases. Diga: *Escojan un objeto que quepa en cada caja. Dibujen el objeto en la caja.* Pregunte: *¿Es el objeto A más corto que el objeto B? ¿Es el objeto B más corto que el objeto C?* Pídales que encierren en un círculo si el objeto C es más largo o más corto que el objeto A.

Ver y mostrar

Puedes comparar las **longitudes** de los objetos.
El pincel es más largo que el lápiz.
El lápiz es más largo que el tubo de pintura.

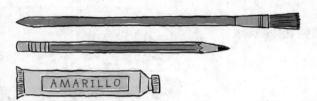

Pista
La longitud de los objetos puede ser más corta o más larga entre ellos.

¿Es el tubo de pintura **más largo** o **más corto** que el pincel?

más largo que   más corto que

Compara los objetos. Encierra en un círculo la respuesta correcta.

I. El par de anteojos es más corto que el marcador.
El marcador es más corto que el dibujo.

¿Es el dibujo más largo o más corto que el par de anteojos?

más largo que   más corto que

Habla de las mates

¿Cómo puedes saber si un objeto es más largo o más corto que otro objeto?

Por mi cuenta

Compara los objetos. Encierra en un círculo la respuesta correcta.

2. El crayón es más largo que el sujetapapeles.
Las tijeras son más largas que el crayón.

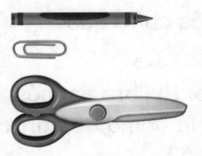

¿Es el sujetapapeles más largo o más corto que las tijeras?

más largo que   más corto que

---

3. La goma de borrar es más corta que la barra de pegamento.
La barra de pegamento es más corta que el lápiz.

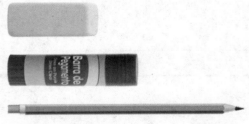

¿Es el lápiz más largo o más corto que la goma de borrar?

más largo que   más corto que

Resolución de problemas

Compara los objetos. Encierra en un círculo la respuesta correcta.

4. La tiza es más corta que el bolígrafo.
El sujetapapeles es más corto que la tiza.
¿Es el bolígrafo más largo o más corto
que el sujetapapeles?

más largo que   más corto que

5. La mesa es más larga que el libro. El libro es más
largo que la goma de borrar. ¿Es la goma de borrar
más larga o más corta que la mesa?

más larga que   más corta que

Las mates en palabras   Un marcador es más largo que una barra
de pegamento. Una barra de pegamento es
más larga que un sujetapapeles. ¿Es el sujetapapeles más
largo o más corto que el marcador? Explica tu respuesta.

_____

_____

_____

_____

_____

Mi tarea

Asistente de tareas ¿Necesitas ayuda? connectED.mcgraw-hill.com

Puedes comparar las longitudes de los objetos.

La zanahoria es más larga que la vaina de guisante.
La vaina de guisante es más larga que la manzana.

¿Es la zanahoria más larga o más corta que la manzana?

(más larga que)   más corta que

Práctica

Compara los objetos. Encierra en un círculo la respuesta correcta.

1. La paleta es más corta que la mazorca.
   La galleta es más corta que la paleta.

¿Es la galleta más larga o más corta que la mazorca?

más larga que   más corta que

Compara los objetos. Encierra en un círculo la respuesta correcta.

2. El dulce es más corto que el sándwich.
    El sándwich es más corto que el apio.

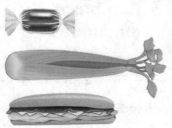

¿Es el apio más largo o más corto que el dulce?

más largo que   más corto que

---

3. Una uva es más corta que una papa. Una papa es más corta que un perro caliente. ¿Es una uva más larga o más corta que un perro caliente?

más larga que   más corta que

Comprobación del vocabulario

Traza líneas para relacionar.

4. **más largo**

5. **más corta**

 Las mates en casa Dé a su niño o niña tres objetos de distintas longitudes. Pídale que compare las longitudes de los objetos.

Comparar y ordenar longitudes

Lección 2

PREGUNTA IMPORTANTE
¿Cómo determino la longitud y la hora?

Explorar y explicar

¡Nosotros podemos ayudar!

 Instrucciones para el maestro: Pida a los niños que encuentren dos objetos que quepan en la caja. Diga: *Dibujen los objetos en la caja. Encierren en un círculo el objeto más largo. Coloquen una X sobre el objeto más corto.*

Ver y mostrar

Puedes comparar y ordenar las longitudes de los objetos.

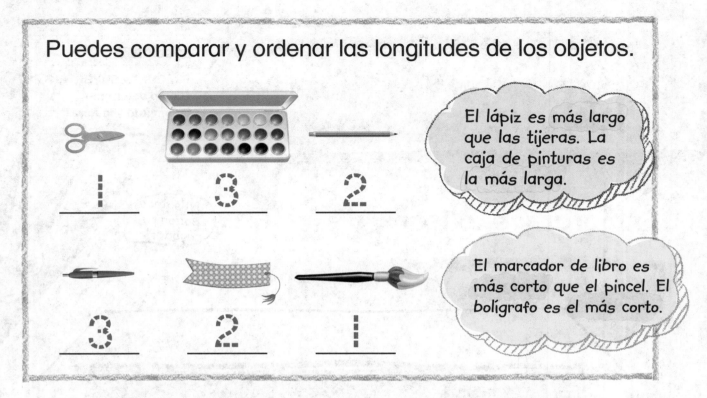

1 _____   3 _____   2 _____

> El lápiz es más largo que las tijeras. La caja de pinturas es la más larga.

3 _____   2 _____   1 _____

> El marcador de libro es más corto que el pincel. El bolígrafo es el más corto.

Encuentra los objetos en tu salón de clases. Compara. Encierra en un círculo el objeto correcto.

1. ¿Cuál es más corto?

2. ¿Cuál es más largo?

3. Ordena los objetos según su longitud. Escribe 1 para largo, 2 para más largo y 3 para el más largo.

_____   _____   _____

Habla de las mates   ¿Qué otros objetos podrías usar para comparar longitudes?

Nombre _____

Por mi cuenta

Encuentra los objetos en tu salón de clases. Compara. Encierra en un círculo el objeto correcto.

4. ¿Cuál es más corto?

5. ¿Cuál es más largo?

6. Ordena los objetos según su longitud. Escribe 1 para corto, 2 para más corto y 3 para el más corto.

_____   _____   _____

7. Ordena los objetos según su longitud. Escribe 1 para largo, 2 para más largo y 3 para el más largo.

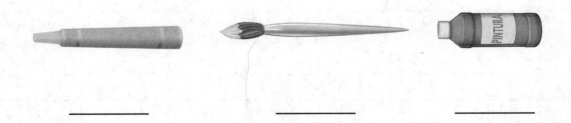

_____   _____   _____

Resolución de problemas

8. John tiene tres objetos. ¿Cómo debe ordenar los objetos del más corto al más largo?

_____   _____   _____

9. Katy tiene tres iguanas. ¿Cómo debe ordenar las iguanas de la más larga a la más corta?

_____   _____   _____

Problema S.O.S. Susi escribe 1 para largo, 2 para más largo y 3 para el más largo. Di por qué Susi está equivocada. Corrígela.

   3   2   1

Nombre _____

Mi tarea

Lección 2

Comparar y
ordenar longitudes

Asistente de tareas

Ayuda
en línea

¿Necesitas ayuda? connectED.mcgraw-hill.com

Puedes comparar y ordenar las longitudes de los objetos.

1

2

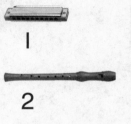
3

Pista

Estos objetos están ordenados según
su longitud. I muestra un *objeto*
largo, 2 muestra un *objeto más largo*
y 3 muestra el *objeto más largo*.

Práctica

Compara. Encierra en un círculo el objeto más corto.

I.

2.

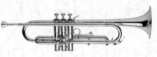

3. Ordena los objetos según su longitud. Escribe I para
corto, 2 para más corto y 3 para el más corto.

_____   _____   _____

Compara. Encierra en un círculo el objeto más largo.

4.

5.

6. Ordena los objetos según su longitud. Escribe 1 para largo, 2 para más largo y 3 para el más largo.

_____   _____   _____

7. Jacobo tiene un libro de música y una flauta dulce. ¿Cuál objeto es más largo? Enciérralo en un círculo.

Práctica para la prueba

8. ¿Cuál es más corto que este instrumento?

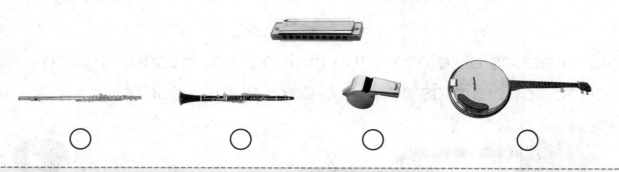

○   ○   ○   ○

Copyright © The McGraw-Hill Companies, Inc.   (l to r, t to b) D. Hurst/Alamy; (2) Dynamic Graphics Group/Creatas/Alamy; (3) Ingram Publishing/SuperStock; (4) PIXTAL/PunchStock; (5) Royalty-Free/CORBIS; (6) C Squared Studios/Getty Images; (7) C Squared Studios/Getty Images; (8) Mark Steinmetz; (9) C Squared Studios/Getty Images; (10) Siede Preis/Getty Images; (11) C Squared Studios/Getty Images

Las mates en casa Busque dos objetos en la cocina. Pida a su niño o niña que los describa comparando sus longitudes.

Nombre

 Unidades de longitud no estándares

Lección 3

PREGUNTA IMPORTANTE
¿Cómo determino
la longitud y la hora?

Explorar y explicar

¿Me queda bien el amarillo?

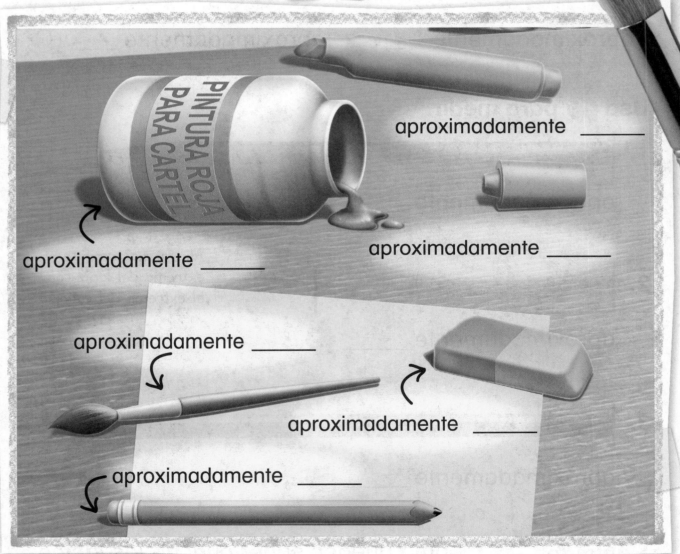

aproximadamente _____

aproximadamente _____

aproximadamente _____

aproximadamente _____

aproximadamente _____

aproximadamente _____

 Instrucciones para el maestro: Pida a los niños que usen 🎲 para medir.
Diga: *Escriban la longitud de los objetos.*

Ver y mostrar

Puedes **medir** para hallar la longitud de un objeto.
Cada cubo o sujetapapeles es una **unidad**.

Pista
Puedes medir objetos usando cubos, sujetapapeles o monedas de 1¢.

aproximadamente __3__ 🎲   aproximadamente __2__ 🎲

Usa 🎲 para medir.

1.

aproximadamente _____ 🎲

Alinea exactamente el extremo del lápiz con el extremo del cubo.

2.

aproximadamente _____ 🎲

3.

aproximadamente _____ 🎲

Habla de las mates   ¿Cómo puedes saber cuál de los lápices de esta página es el más largo?

Nombre _____

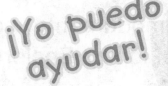

Por mi cuenta

Usa 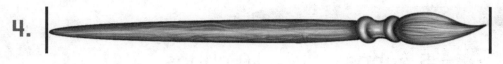 **para medir.**

4.

aproximadamente _____

5.

aproximadamente _____

6.

aproximadamente _____

7.

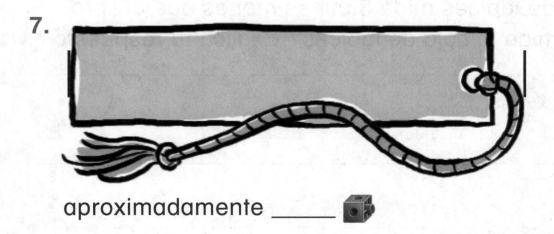

aproximadamente _____

8. Escribe el nombre de un objeto que mida aproximadamente 4 cubos de largo.

_____

Resolución de problemas

PRÁCTICAS
matemáticas

9. Aproximadamente, ¿cuántos cubos de largo mide el lápiz? Encierra en un círculo la respuesta correcta.

2 cubos   5 cubos   10 cubos

10. Dibuja un objeto que mida aproximadamente 7 cubos de largo.

Problema S.O.S. Un libro mide 10 cubos de largo. Una caja de lápices mide 3 cubos menos que el libro. ¿Cuánto mide la caja de lápices? Explica tu respuesta.

_____

- -

_____

- -

_____

Nombre _____

Mi tarea

Asistente de tareas ¿Necesitas ayuda? connectED.mcgraw-hill.com

Puedes medir la longitud de un objeto usando
monedas de 1¢.

La serpiente mide aproximadamente
7 monedas de 1¢ de largo.

> **Pista**
> Cada moneda de 1¢
> es una unidad.

Práctica

Usa monedas de 1¢ para medir.

1.

aproximadamente ____
monedas de 1¢

2.

aproximadamente ____
monedas de 1¢

Usa monedas de 1¢ para medir.

3.

aproximadamente _____ monedas de 1¢

4.

aproximadamente _____ monedas de 1¢

5. Dibuja un objeto que mida aproximadamente 6 monedas de 1¢ de largo.

Comprobación del vocabulario

Completa las oraciones.

medir   unidad

6. Puedes _____ objetos usando monedas de 1¢ o cubos.

7. Cada cubo o moneda de 1¢ representa una _____.

Las mates en casa Pida a su niño o niña que use una unidad no estándar (como monedas de 1¢ o macarrones) para medir y comparar objetos.

Resolución de problemas
ESTRATEGIA: Probar, comprobar y revisar

¡Oye!
¡Ese es mi
almuerzo!

La zanahoria mide menos de 10 cubos de largo. Mide más de 2 cubos de largo. Aproximadamente, ¿cuántos cubos de largo mide la zanahoria?

1 Comprende Subraya lo que sabes.
Encierra en un círculo
lo que debes hallar.

2 Planea ¿Cómo resolveré el problema?

3 Resuelve Voy a probar, comprobar y revisar.

Pruebo: aproximadamente ___4___

Mido: aproximadamente ___5___

4 Comprueba ¿Es razonable mi respuesta?
¿Por qué?

Practica la estrategia

El recipiente mide menos de 9 cubos de largo.
Mide más de 1 cubo de largo. Aproximadamente,
¿cuánto mide el recipiente?

1 Comprende Subraya lo que sabes.
Encierra en un círculo
lo que debes hallar.

2 Planea ¿Cómo resolveré el problema?

3 Resuelve Voy a...

Pruebo: aproximadamente ____

Mido: aproximadamente ____

4 Comprueba ¿Es razonable mi respuesta?
¿Por qué?

Aplica la estrategia

Aproximadamente, ¿cuántos de largo mide el objeto? Prueba. Luego, mide. Si es necesario, revisa.

I.

Prueba: aproximadamente _____

Mide: aproximadamente _____

2.

Prueba: aproximadamente _____

Mide: aproximadamente _____

3.

Prueba: aproximadamente _____

Mide: aproximadamente _____

Repasa las estrategias

Escoge una estrategia
- Probar, comprobar y revisar.
- Dibujar un diagrama.
- Representar.

4. La vaina de guisante mide más de 1 cubo de largo. Mide menos de 4 cubos de largo. Aproximadamente, ¿cuántos cubos de largo mide la vaina de guisante?

aproximadamente _____

---

5. Una sandía crece 1 cubo más cada día. El lunes, medía 6 cubos de largo. ¿Cuántos cubos más de largo medirá la sandía el miércoles?

Días	Cubos
Lunes	6
Martes	
Miércoles	

¿Cuánto mido?

_____

---

6. Sergio recoge un frijol que mide 5 cubos de largo. Paula recoge un frijol que mide 2 cubos de largo. ¿Cuánto más largo es el frijol que recogió Sergio?

_____

Mi tarea

Lección 4

Resolución
de problemas:
Probar, comprobar
y revisar

Asistente de tareas ¿Necesitas ayuda? connectED.mcgraw-hill.com

El bate de béisbol mide menos de 6 monedas de
1¢ de largo. Mide más de 1 moneda de 1¢ de largo.
Aproximadamente, ¿cuántas monedas de 1¢ de largo
mide el bate?

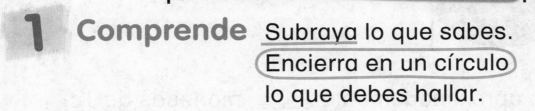

1 Comprende Subraya lo que sabes.
Encierra en un círculo
lo que debes hallar.

2 Planea ¿Cómo resolveré el problema?

3 Resuelve Voy a probar, comprobar y revisar.

Pruebo: aproximadamente
4 monedas de 1¢

Mido: aproximadamente
5 monedas de 1¢

4 Comprueba ¿Es razonable mi respuesta?

Resolución de problemas

Aproximadamente, ¿cuántas monedas de 1¢ mide el objeto? Prueba. Luego, mide. Si es necesario, revisa.

1.

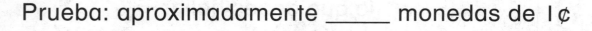

¡Te podemos ayudar a medir!

Prueba: aproximadamente _____ monedas de 1¢

Mide: aproximadamente _____ monedas de 1¢

2.

Prueba: aproximadamente _____ monedas de 1¢

Mide: aproximadamente _____ monedas de 1¢

3.

Prueba: aproximadamente _____ monedas de 1¢

Mide: aproximadamente _____ monedas de 1¢

Las mates en casa Pida a su niño o niña que adivine la longitud de su propio zapato en monedas de 1¢. Luego, pídale que compruebe usando monedas de 1¢ reales.

Nombre

Compruebo mi progreso

Comprobación del vocabulario

Completa las oraciones.

longitud   **unidad**

1. Puedes usar cubos y sujetapapeles para medir.
   Cada cubo o sujetapapeles es una _____.

2. Puedes medir el largo de un objeto,
   o su _____.

Comprobación del concepto

Compara. Encierra en un círculo el objeto más corto.

3.

4.

5. Ordena los objetos según su longitud. Escribe
   1 para corto, 2 para más corto y 3 para el más corto.

   _____   _____   _____

6. Ordena los objetos según su longitud. Escribe 1 para largo, 2 para más largo y 3 para el más largo.

_____   _____   _____

Mide usando . Escribe cuántos hay.

7.

aproximadamente _____

---

8. Gina tiene una caja, un globo terráqueo y una manzana. La caja es más larga que el globo. El globo es más largo que la manzana. ¿Es la manzana más larga o más corta que la caja?

más larga que   más corta que

Práctica para la prueba

9. ¿Cuál objeto es más largo que el lápiz?

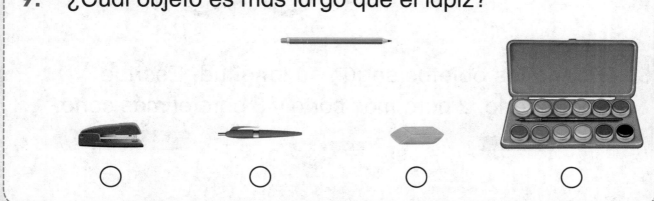

○   ○   ○   ○

La hora en punto: reloj analógico

Explorar y explicar

¡El tiempo vuela cuando te diviertes!

Instrucciones para el maestro: Pida a los niños que usen ⏰ para mostrar las horas dadas. Diga: *El ensayo de la banda de Diego empieza a las 3 en punto. Muestren esa hora en el reloj. El ensayo termina a las 5 en punto. Muestren esa hora en el reloj. Dibujen las manecillas para mostrar la hora en este reloj.*

Ver y mostrar

Hay dos clases de relojes.
Este es un **reloj analógico**.

La **manecilla horaria** es
más corta. Indica la **hora**.

El **minutero** es más largo.
Indica los **minutos**.

hora

minutos

La manecilla
horaria está en 3.
Son las 3 en punto.

_____ en punto

Usa para mostrar la hora. Di qué hora se muestra.
Escribe la hora.

1.

_____ en punto

2.

_____ en punto

3.

_____ en punto

4.

_____ en punto

Habla de las mates

¿Dónde están la manecilla horaria y el
minutero cuando son las 4 en punto?

Por mi cuenta

¡Es hora de practicar!

Usa 🕐 para mostrar la hora.
Di qué hora se muestra. Escribe la hora.

5.

_____ en punto

6.

_____ en punto

7.

_____ en punto

8.

_____ en punto

9.

_____ en punto

10.

_____ en punto

11.

_____ en punto

12.

_____ en punto

Resuelve. Escribe la hora. Dibuja las manecillas en el reloj. Usa  **como ayuda.**

13. Ana llega a casa a las 3 en punto. Luis llega a casa 1 hora más tarde. ¿A qué hora llega Luis a casa?

_____ en punto

14. Julián empieza a leer libros a las 7 en punto. Lee por una hora. ¿A qué hora deja de leer?

_____ en punto

Problema S.O.S. Antonio intentó poner las manecillas de su reloj en las 9 en punto. Di por qué Antonio está equivocado. Corrígelo.

_____

_____

_____

_____

_____

_____

Mi tarea

Asistente de tareas

¿Necesitas ayuda? connectED.mcgraw-hill.com

En un reloj analógico, la manecilla horaria es más corta. El minutero es más largo.

 11 en punto

6 en punto

Práctica

Di qué hora se muestra. Escribe la hora.

1.

_____ en punto

2.

_____ en punto

3.

_____ en punto

4.

_____ en punto

Di qué hora se muestra. Escribe la hora.

5.

_____ en punto

6.

_____ en punto

7. La clase del Sr. Smith empieza
a las 9 en punto. Termina una hora
más tarde. ¿A qué hora termina?

_____ en punto

8. Miguel tiene entrenamiento de fútbol
a las 7 en punto. Dura una hora.
¿A qué hora termina el entrenamiento?

_____ en punto

Comprobación del vocabulario

Completa las oraciones.

manecilla horaria   **minutero**

9. En un reloj analógico, la _____

es más corta. El _____ es más largo.

 Las mates en casa Pida a su niño o niña que diga las horas en orden, empezando
desde la 1 en punto (1 en punto, 2 en punto, 3 en punto, 4 en punto, etc.).

Medición y datos
1.MD.3

CCSS

La hora en punto: reloj digital

Lección 6

PREGUNTA IMPORTANTE
¿Cómo determino la longitud y la hora?

Explorar y explicar

¡A levantarse!

 Instrucciones para el maestro: Diga a los niños: *Emilia se levanta para ir a la escuela a las 7 en punto. Usen* 🕐 *para mostrar la hora. Escriban esa hora en el reloj digital.*

Ver y mostrar

Otro tipo de reloj es el
reloj digital. Un reloj
digital tiene números para
mostrar la hora y los minutos.

hora minutos

El reloj muestra las 2 en punto.

Usa  para mostrar la hora. Di qué hora se muestra. Escribe la hora en el reloj digital.

1.

2.

3.

4.

Habla de las mates
¿Por qué es igual leer un reloj
analógico que leer un reloj digital?

Por mi cuenta

Usa  para mostrar la hora. Di qué hora se muestra.
Escribe la hora en el reloj digital.

5.

6.

7.

8.

9.

10.

Resolución de problemas

Resuelve. Escribe la hora en el reloj digital.

11. Raquel va a comer a la cafetería
a las 11:00. Permanece allí
1 hora. ¿A qué hora sale
de la cafetería?

_____ en punto

12. La clase de la Sra. Soto regresó
del recreo a las 2:00. Estuvo
en recreo por una hora. ¿A qué
hora salió al recreo?

_____ en punto

Las mates en palabras Explica cómo muestra la hora un
reloj digital.

_____

_____

_____

_____

_____

Mi tarea

Lección 6

La hora en punto:
reloj digital

Asistente de tareas ¿**Necesitas ayuda?** connectED.mcgraw-hill.com

Un reloj analógico usa una manecilla horaria y un minutero para mostrar la hora. Un reloj digital usa números para mostrar la hora y los minutos.

reloj analógico

reloj digital

minutos hora

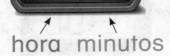
hora minutos

Práctica

Di qué hora se muestra.
Escribe la hora en el reloj digital.

1.

2.

Di qué hora se muestra.
Escribe la hora en el reloj digital.

3.

4.

5. La clase de baile de Layla empieza a las 6 en punto.
Termina 1 hora más tarde. Encierra en un círculo el reloj
que muestra la hora en que termina la clase de baile.

Comprobación del vocabulario

Encierra en un círculo la respuesta correcta.

6. **reloj digital**

Copyright © The McGraw-Hill Companies, Inc.

 Las mates en casa Muestre varias horas en un reloj digital y pida a su niño o niña
que las diga.

Nombre

La media hora: reloj analógico

¡Estoy agotado!

Explorar y explicar

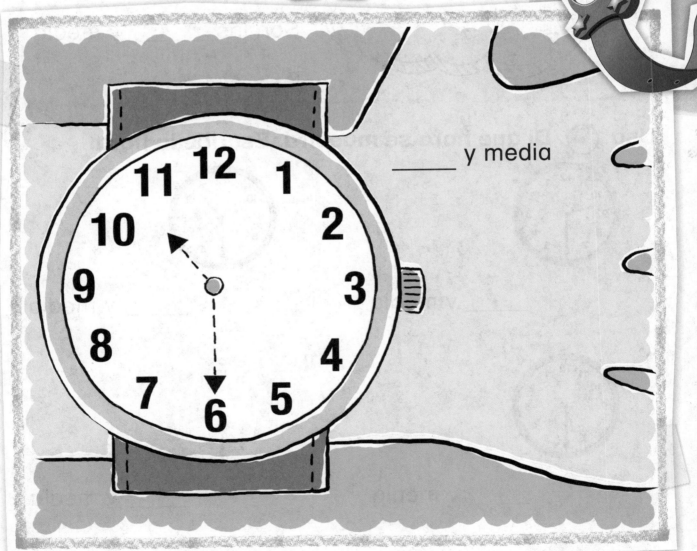

_____ y media

Instrucciones para el maestro: Pida a los niños que tracen la manecilla horaria de rojo y el minutero de azul. Diga: *Usen* *para mostrar la hora. Escriban la hora que muestra el reloj.*

Ver y mostrar

Un reloj analógico puede mostrar
la hora a la **media hora**.
Media hora son 30 minutos.

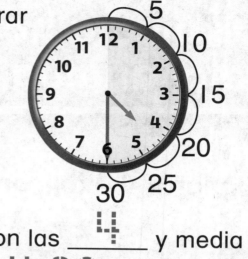

Pista

La manecilla horaria
señala entre el 4 y el 5.
El minutero señala el 6.
Son las 4:30.

Son las _____**4**_____ y media

o ___**4:30**___.

Usa . Di qué hora se muestra. Escribe la hora.

1.

_____ y media

2.

_____ y media

3.

_____ y media

4.

_____ y media

Habla de las mates

Son las 8 y media. Explica qué
significa *y media*.

Nombre _____

¿Qué pensarías si vieras un perro con un reloj?

Por mi cuenta

Usa . Di qué hora se muestra. Escribe la hora.

5.

_____ y media

6.

_____ y media

¡Que es un perro guardian del tiempo!

7.

_____ y media

8.

_____ y media

9.

_____ y media

10.

_____ y media

11.

_____ y media

12.

_____ y media

Resolución de problemas

13. La clase de Juana sale de excursión
al zoológico a las 10 en punto. La
clase llega al zoológico 30 minutos
más tarde. ¿A qué hora llega al zoológico?

_____ y media

14. David irá al entrenamiento de fútbol a las
4 y media. Muestra esta hora en el reloj.
Si el entrenamiento dura una hora,
¿a qué hora terminará? Escribe la hora.

_____ y media

Las mates en palabras   ¿Cuál es una diferencia entre el
minutero y la manecilla horaria?

_____

- -

_____

- -

_____

- -

_____

- -

Mi tarea

Asistente de tareas ¿Necesitas ayuda? connectED.mcgraw-hill.com

Un reloj analógico puede mostrar la hora
a la media hora.

 12 y media

 7 y media

Pista
Media hora
son 30 minutos.
También se dice
hora y media.

Práctica

Di qué hora se muestra. Escribe la hora.

1.

_____ y media

2.

_____ y media

3.

_____ y media

4.

_____ y media

Di qué hora se muestra. Escribe la hora.

5.

_____ y media

6.

_____ y media

7. Tim tiene entrenamiento de natación a las 7 en punto. El entrenamiento termina 30 minutos más tarde. ¿A qué hora termina?

_____ y media

8. El autobús recoge a Diana a las 9 en punto. Llega a la escuela 30 minutos más tarde. ¿A qué hora llega a la escuela?

¡Te estaré esperando!

_____ y media

Comprobación del vocabulario

Encierra en un círculo la hora relacionada.

9. Media hora, después de las 12 o las 12 y media.

Copyright © The McGraw-Hill Companies, Inc.   Royalty-Free/CORBIS

 Las mates en casa Dé a su niño o niña una hora en punto. Pídale que le diga dónde estarían las manecillas del reloj media hora más tarde.

La media hora: reloj digital

Explorar y explicar Observa Herramientas

Lección 8

PREGUNTA IMPORTANTE
¿Cómo determino
la longitud y la hora?

¿En sus marcas?
¿Listos?
¡A practicar!

:30

 Instrucciones para el maestro: Diga a los niños: *El entrenamiento de fútbol de Tomás termina a las 4 y media. Usen* ⏰ *para mostrar la hora. Escriban esa hora en el reloj digital del teléfono.* Pídales que le digan a un compañero o una compañera qué hora se muestra en el teléfono.

Ver y mostrar

Un reloj digital también puede mostrar la hora
a la media hora.

hora   minutos

Ambos relojes
muestran las ____**6**____
y media o __**6:30**__.

**Usa  para mostrar la hora. Di qué hora se muestra.
Escribe la hora en el reloj digital.**

1.

2.

3.

4.

**Habla de
las mates**

¿Cómo se muestran las 10 y media
en un reloj digital?

Nombre

Por mi cuenta

¡Depende de ti!

Usa  para mostrar la hora. Di qué hora se muestra. Escribe la hora en el reloj digital.

5.

6.

7.

8.

9.

10.

Copyright © The McGraw-Hill Companies, Inc.   SW Productions/Brand X Pictures/Getty Images

Resolución de problemas

Resuelve. Escribe la hora en el reloj digital.

11. La clase del Sr. Johnson tiene arte a las 9:30. Dura 1 hora. ¿A qué hora termina la clase de arte?

12. El coro de la escuela de Violeta empezará a cantar a las 2 y media. Cantará por 1 hora. ¿A qué hora terminará de cantar?

Problema S.O.S. Camilo le dice a su amigo que son las 12 en punto en el reloj. Di por qué Camilo está equivocado. Corrígelo.

12:30

_____

- -

_____

- -

_____

- -

Nombre _____

Mi tarea

Lección 8

La media hora: reloj digital

Asistente de tareas ¿Necesitas ayuda? connectED.mcgraw-hill.com

Un reloj digital también puede mostrar la hora a la media hora.

reloj analógico   **reloj digital**

hora minutos   hora minutos

Estos relojes muestran las 7 y media o 7:30.

Práctica

Di qué hora se muestra.
Escribe la hora en el reloj digital.

1.

2.

Copyright © The McGraw-Hill Companies, Inc.

Capítulo 8 • Lección 8   611

Di qué hora se muestra. Escribe la hora en el reloj digital.

3.

4.

Resuelve. Escribe la hora en el reloj digital.

5. William empieza su tarea a las 6 en punto. La termina en media hora. Escribe esa hora en el reloj.

Práctica para la prueba

6. ¿Cuál reloj muestra las 12 y media?

| 12:00 | 12:30 | 11:30 | 1:00 |

○   ○   ○   ○

 Las mates en casa Muestre a su niño o niña un reloj analógico que indique las 7:30. Pídale que dibuje un reloj digital que indique la misma hora.

La hora en punto y la media hora

Lección 9

PREGUNTA IMPORTANTE
¿Cómo determino la longitud y la hora?

Explorar y explicar

¡Es la hora del cuento!

 Instrucciones para el maestro: Diga a los niños: *Una clase fue a la biblioteca a la 1:30.*
Usen *para mostrar la hora. Encuentren el reloj analógico y el reloj digital en el dibujo.*
Pídales que muestren la 1:30 en el reloj analógico y escriban 1:30 en el reloj digital.

Ver y mostrar

Puedes decir la hora en punto y la hora a la media hora.

termina aquí   empieza aquí   empieza aquí

I hora son 60 minutos.

Media hora son 30 minutos.

termina aquí

hora   minutos   hora   minutos

Son las ___9:00___.   Son las ___9:30___.

Usa **como ayuda. Dibuja el minutero para mostrar la hora. Escribe la hora en el reloj digital.**

1. 11:30

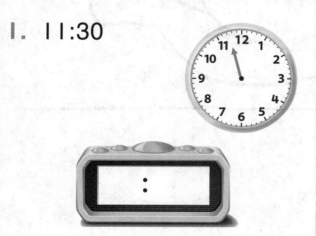

2. cinco y media

Habla de las mates

¿Cuál es la diferencia entre un reloj analógico y un reloj digital?

Nombre

¡Tic tac! ¿Debo mover el reloj?

Por mi cuenta

Usa  como ayuda. Dibuja el minutero para mostrar la hora. Escribe la hora en el reloj digital.

3. 3:30

4. nueve en punto

5. una y media

6. ocho en punto

7. Escribe dos y media en el reloj.

8. Escribe seis en punto en el reloj.

Resolución de problemas

PRÁCTICAS
matemáticas

Resuelve. Escribe la hora en el reloj.

9. La manecilla horaria está entre el 1 y el 2. El minutero está en el 6. ¿Qué hora es? Dibuja las manecillas en el reloj.

10. El reloj muestra una hora después de las 2:00. ¿Qué hora es? Escribe la hora.

Las mates en palabras

¿Cuántos minutos después de la hora muestra este reloj? Explica tu respuesta.

_____

_____

_____

_____

_____

_____

Mi tarea

Lección 9

La hora en punto y la media hora

Asistente de tareas

Ayuda en línea

¿Necesitas ayuda? connectED.mcgraw-hill.com

Puedes decir la hora en punto y la hora a la media hora.

Son las nueve en punto o 9:00.

Son las seis y treinta o 6:30.

Práctica

Dibuja el minutero para mostrar la hora. Escribe la hora en el reloj digital.

1. 2:30

2. cinco y media

Dibuja el minutero para mostrar la hora.
Escribe la hora en el reloj digital.

3. 12 y media

4. 4 en punto

5. Es media hora después de la hora.
Mi manecilla horaria está entre
el 5 y el 6. ¿Qué hora es? Dibuja
las manecillas en el reloj.

Práctica para la prueba

6. ¿Cuál reloj muestra las 8 en punto?

Las mates en casa Practique con su niño o niña a decir la hora en punto y la hora a la media
hora escribiendo la hora de sucesos habituales, como la hora de comer, la hora de ir a la
escuela y la hora de dormir.

Mi repaso

Comprobación del vocabulario

Completa las oraciones.

en punto   longitud   media hora   medir

minuto   reloj analógico   reloj digital

1. Un _____ es un tipo de reloj
   que solo tiene números para mostrar la hora.

2. Cuando transcurren 30 minutos después de la hora
   se dice también _____.

3. Puedes _____ un objeto para hallar
   su longitud.

4. Puedes medir el largo de un objeto, o su

   _____.

5. Un _____ es un reloj que tiene
   una manecilla horaria y un minutero.

6. _____ es una palabra que se usa
   para decir la hora.

7. En 1 _____ hay 60 segundos.

Comprobación del concepto

8. Ordena los objetos según su longitud. Escribe 1 para largo, 2 para más largo y 3 para el más largo.

_____   _____   _____

Aproximadamente, ¿cuántos 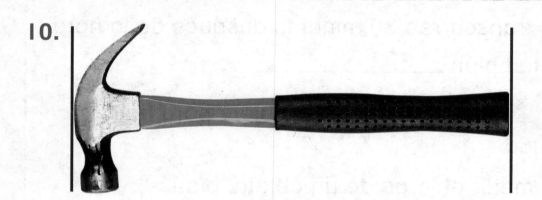 de largo mide cada objeto?

9.

aproximadamente _____ cubos

10.

aproximadamente _____ cubos

Escribe la hora en el reloj digital.

11. 8 en punto

12. 3 y media

Nombre

 Resolución de problemas

Resuelve. Escribe la hora en el reloj.

13. Samuel tiene entrenamiento de natación a las 7:00. Dura 1 hora. ¿A qué hora termina el entrenamiento de natación?

14. La fiesta empieza a las 4 en punto. Termina 1 hora más tarde. ¿A qué hora termina la fiesta?

Práctica para la prueba

15. La manecilla horaria está entre el 9 y el 10. El minutero está en el 6. ¿Cuál reloj es este?

○   ○   ○   ○

Muestra las maneras de responder.

Encierra en un círculo el objeto más largo.
Explícale a un compañero o una compañera cómo
hallaste la respuesta.

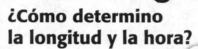

**PREGUNTA
IMPORTANTE**

¿Cómo determino
la longitud y la hora?

Muestra la misma hora en los dos relojes.

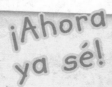

¡Ahora
ya sé!

Capítulo

9 Figuras bidimensionales y partes iguales

¡Estamos en la granja!

¡Mira el video!

Observa

623

Mis **estándares** estatales

Geometría

1.G.1 Distinguir entre atributos definitorios (por ejemplo, los triángulos son figuras cerradas de tres lados) y atributos no definitorios (por ejemplo, el color, la orientación y el tamaño); crear y dibujar figuras que posean atributos definitorios.

1.G.2 Unir figuras bidimensionales (rectángulos, cuadrados, trapecios, triángulos, semicírculos y cuartos de círculo) o tridimensionales (cubos, prismas rectangulares rectos, conos rectos y cilindros rectos) para crear una figura compuesta, y componer nuevas figuras a partir de la figura compuesta.

1.G.3 Dividir círculos y rectángulos en dos y cuatro partes iguales, describir las partes usando las expresiones *mitades, cuartas partes* y *cuartos,* y usar las frases *la mitad de, la cuarta parte de* y *un cuarto de*. Describir el entero como la suma de dos o cuatro partes. Comprender, mediante estos ejemplos, que al descomponer una figura en más partes iguales se obtienen partes más pequeñas.

Estándares para las
PRÁCTICAS matemáticas

1. Entender los problemas y perseverar en la búsqueda de una solución.
2. Razonar de manera abstracta y cuantitativa.
3. Construir argumentos viables y hacer un análisis del razonamiento de los demás.
4. Representar con matemáticas.
5. Usar estratégicamente las herramientas apropiadas.
6. Prestar atención a la precisión.
7. Buscar una estructura y usarla.
8. Buscar y expresar regularidad en el razonamiento repetido.

= Se trabaja en este capítulo.

Nombre _____

Traza líneas para relacionar los objetos con la misma figura.

1.   ○

2.    ▭

3.   △

4. Paola hizo este marco en clase de arte. ¿Qué figura es? Encierra en un círculo el nombre.

   triángulo   cuadrado   rectángulo

5. Encierra en un círculo la figura que es diferente.

6. Encierra en un círculo las figuras que son iguales.

Sombrea las casillas para mostrar los problemas que respondiste correctamente.

¿Cómo me fue? →

1	2	3	4	5	6

Nombre ....

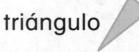

Repaso del vocabulario

círculo   cuadrado ▪   triángulo

Haz conexiones

Escribe los nombres de las figuras. Luego, dibuja un objeto del salón de clases que tenga la misma forma.

Mi ejemplo

_____
_ _ _ _ _ _ _ _ _ _ _ _
_____

Mi ejemplo

_____
_ _ _ _ _ _ _ _ _ _ _ _
_____

 Mi ejemplo

_____
_ _ _ _ _ _ _ _ _ _ _ _
_____

Mis tarjetas de vocabulario

Lección 9-3

círculo

Lección 9-1

cuadrado

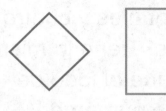

Lección 9-10

cuartos

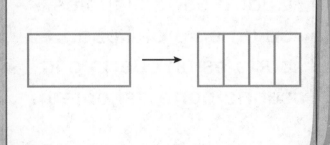

Lección 9-8

entero

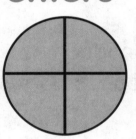

4 de 4 partes sombreadas

Lección 9-1

figura bidimensional

Lección 9-5

figura compuesta

Figura bidimensional cerrada con cuatro lados iguales y cuatro vértices. Tiene la misma forma que el lado de un cubo numerado.

Figura redonda y cerrada. Los círculos no tienen lados ni vértices.

La cantidad total o todas las partes.

Cuatro partes iguales de un entero. Cada parte es un cuarto o la cuarta parte del entero.

Dos o más figuras que se unen para formar una figura nueva.

Figura plana, como un círculo, un triángulo o un cuadrado.

Mis tarjetas de vocabulario

PRÁCTICAS matemáticas

Lección 9-1

lado

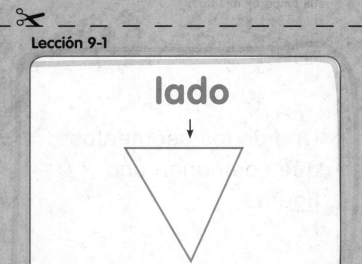

Lección 9-9

mitades

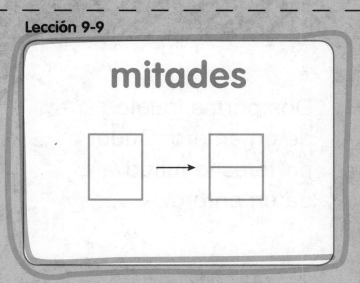

Lección 9-8

partes iguales

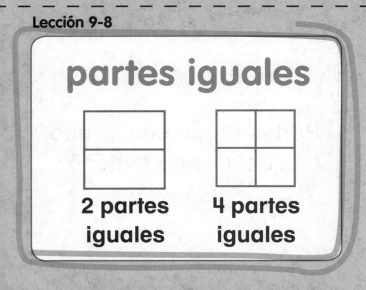

Lección 9-1

rectángulo

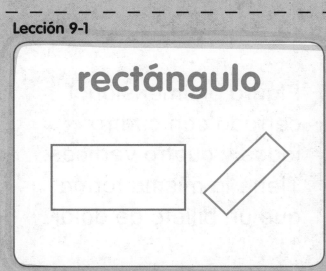

Lección 9-2

trapecio

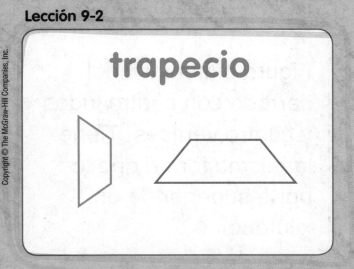

Lección 9-2

triángulo

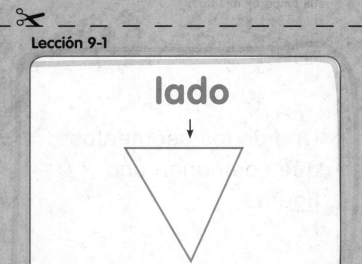

Instrucciones para el maestro:
Más sugerencias

- Pida a los estudiantes que hagan una marca de conteo en la tarjeta correspondiente cada vez que lean una de estas palabras en este capítulo o la usen al escribir.

- Pida a los estudiantes que organicen las tarjetas para mostrar una pareja opuesta. Pídales que expliquen el significado de sus emparejamientos.

Dos partes iguales de un entero. Cada parte es la mitad de un entero.

Uno de los segmentos que componen una figura.

Figura bidimensional cerrada con cuatro lados y cuatro vértices. Tiene la misma forma que un billete de dólar.

Partes de un entero que son del mismo tamaño.

Figura bidimensional cerrada con tres lados y tres vértices.

Figura bidimensional cerrada con cuatro lados y cuatro vértices. Tiene la misma forma que la parte superior de un xilófono.

Mis tarjetas de vocabulario

Vocabulario

PRÁCTICAS matemáticas

Lección 9-1

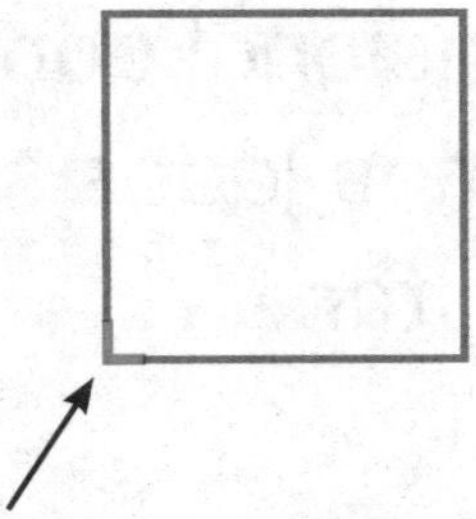

vértice

Instrucciones para el maestro:
Más sugerencias

- Pida a los estudiantes que usen las tarjetas en blanco para dibujar o escribir palabras que los ayuden a comprender conceptos como *formar figuras compuestas* o *cuartas partes* y *cuartos*.

- Pida a los estudiantes que usen las tarjetas en blanco para escribir una palabra de un capítulo anterior que quisieran repasar.

Punto en una figura bidimensional donde dos o más lados se encuentran.

Mi modelo de papel

FOLDABLES® Sigue los pasos que aparecen en el reverso para hacer tu modelo de papel.

Mis figuras

círculo	rectángulo
_____ lados	_____ lados
_____ vértices	_____ vértices

cuadrado

____ **lados**

____ **vértices**

trapecio

____ **lados**

____ **vértices**

triángulo

____ **lados**

____ **vértices**

Geometría
1.G.1

CCSS

Cuadrados y rectángulos

Lección 1

PREGUNTA IMPORTANTE
¿Cómo puedo reconocer figuras bidimensionales y partes iguales?

¿Puedo ayudar?

Explorar y explicar

Observa   Herramientas

_____ cuadrados   _____ rectángulos

 Instrucciones para el maestro: Pida a los niños que usen bloques de atributos de cuadrados y rectángulos para hacer el dibujo de una granja. Diga: *Dibujen el contorno de los cuadrados con un crayón rojo y el de los rectángulos con un crayón azul. Cuenten las figuras y escriban cuántas hay de cada una.*

Ver y mostrar

Las **figuras bidimensionales** son figuras planas.
Pueden ser abiertas o cerradas.

Abierta

Cerrada

Los **cuadrados** y **rectángulos** son figuras
bidimensionales. Son cerrados. Tienen **lados**
rectos y **vértices**.

cuadrado

vértice

_____ lados
_____ vértices

rectángulo

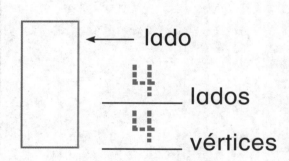

_____ lados
_____ vértices

Escribe cuántos lados y vértices tienen.

1.

_____ lados

_____ vértices

2.

_____ lados

_____ vértices

Habla de las mates

¿En qué se parecen un rectángulo
y un cuadrado?

Por mi cuenta

Escribe cuántos lados y vértices tienen.

3.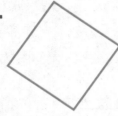

_____ lados

_____ vértices

4.

_____ lados

_____ vértices

5.

_____ lados

_____ vértices

6.

_____ lados

_____ vértices

Encierra en un círculo los objetos que corresponden a la primera figura.

7.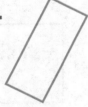

8.

Encierra en un círculo las figuras cerradas.

9.

Resolución de problemas

Escribe el nombre de las figuras y dibújalas.

10. Soy una figura bidimensional que tiene 4 vértices. Todos mis lados tienen la misma longitud. ¿Qué figura soy?

_____

11. Soy una figura bidimensional que tiene 4 lados. Dos de mis lados son largos. Dos de mis lados son cortos. ¿Qué figura soy?

_____

Las mates en palabras

Usa las palabras *cerrado*, *lados* y *vértices* para describir el cuadrado.

_____

_ _

_____

_ _

_____

_ _

Nombre ....

Mi tarea

Lección 1
Cuadrados y rectángulos

Asistente de tareas

Ayuda en línea ¿Necesitas ayuda? connectED.mcgraw-hill.com

Los cuadrados y rectángulos son figuras bidimensionales cerradas. Tienen lados rectos y vértices.

cuadrado

vértice

4 lados
4 vértices

rectángulo

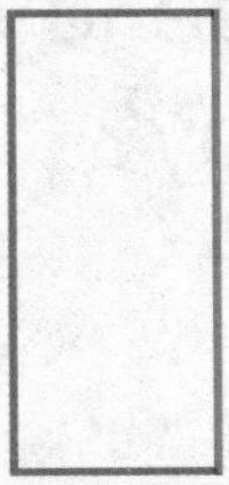

lado

4 lados
4 vértices

Práctica

Escribe cuántos lados y vértices tienen.

1.

_____ lados

_____ vértices

2.

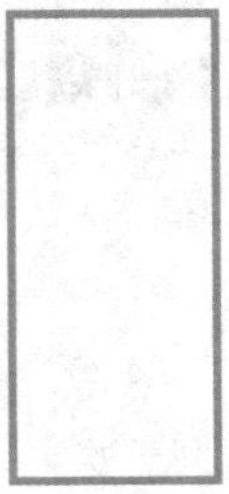

_____ lados

_____ vértices

3.

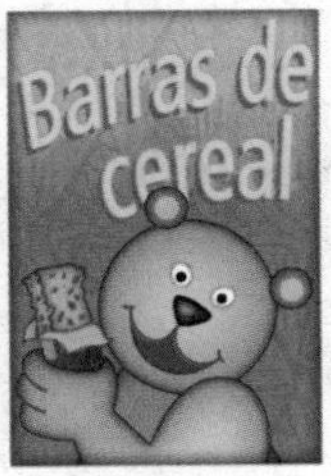

_____ lados

_____ vértices

4.

_____ lados

_____ vértices

Cuenta y escribe cuántos cuadrados y rectángulos ves en el robot.

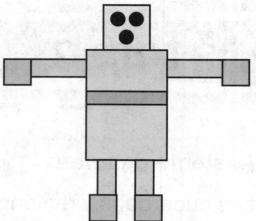

5. _____ cuadrados

6. _____ rectángulos

Dibuja y escribe el nombre de la figura.

7. Soy una figura bidimensional que
   tiene 4 lados de la misma longitud.
   ¿Qué figura soy?

_____

Comprobación del vocabulario

Traza líneas para relacionar.

8. **rectángulo**

9. **cuadrado**

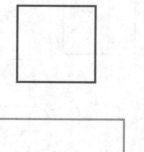

Copyright © The McGraw-Hill Companies, Inc.

Las mates en casa Pida a su niño o niña que haga un dibujo que tenga solo
cuadrados y rectángulos.

Geometría
1.G.1

CCSS

Triángulos y trapecios

Lección 2

PREGUNTA IMPORTANTE
¿Cómo puedo reconocer figuras bidimensionales y partes iguales?

Explorar y explicar

¡Hola amigos!

¿Cuántos ▲ hay? _____   ¿Cuántos ◢ hay? _____

 Instrucciones para el maestro: Pida a los niños que usen bloques de patrones de trapecios y triángulos. Diga: *Encuentren en el dibujo las figuras blancas. Coloreen los trapecios con rojo y los triángulos con verde. Escriban cuántos colorearon de cada figura y describan las figuras.*

Ver y mostrar

Los **triángulos** y **trapecios** son figuras bidimensionales. Son cerrados. Tienen lados rectos y vértices.

triángulo

3 _____ lados

3 _____ vértices

trapecio

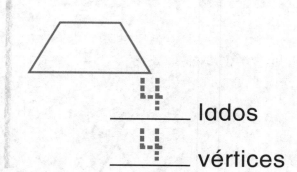

4 _____ lados

4 _____ vértices

Escribe cuántos lados y vértices tienen.

1. _____ lados

_____ vértices

2. _____ lados

_____ vértices

3. _____ lados

_____ vértices

4.  _____ lados

_____ vértices

Habla de las mates ¿En qué se diferencian un triángulo y un trapecio?

Nombre _____

Por mi cuenta

Escribe cuántos lados y vértices tienen.

5. _____ lados

_____ vértices

6. _____ lados

_____ vértices

Encierra en un círculo los objetos que corresponden a la descripción.

7. 4 lados
4 vértices

8. 3 lados
3 vértices

Encierra en un círculo las figuras cerradas.

9.

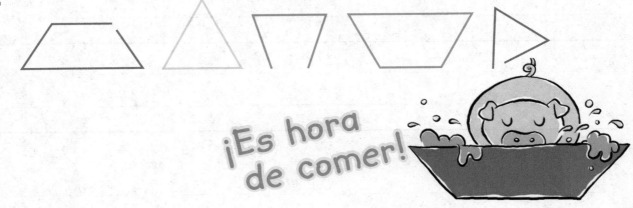

¡Es hora de comer!

Resolución de problemas

Dibuja y escribe el nombre de las figuras.

10. Soy una figura bidimensional que tiene 3 lados y 3 vértices. ¿Qué figura soy?

_____

11. Soy una figura bidimensional que tiene 4 lados y 4 vértices. Solo 2 de mis lados tienen la misma longitud. ¿Qué figura soy?

_____

Problema S.O.S. Tony tiene 3 figuras diferentes. Las figuras tienen 11 lados y 11 vértices en total. ¿Qué figuras puede tener? Explica tu respuesta.

_____

_____

_____

_____

_____

Nombre

Mi tarea

Asistente de tareas ¿Necesitas ayuda? connectED.mcgraw-hill.com

Los triángulos y trapecios son figuras bidimensionales cerradas. Tienen vértices y lados rectos.

triángulo   trapecio

  3 lados
          3 vértices

 4 lados
          4 vértices

Práctica

Escribe cuántos lados y vértices tienen.

1.
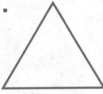

_____ lados

_____ vértices

2.

_____ lados

_____ vértices

3.

_____ lados

_____ vértices

4.

_____ lados

_____ vértices

5. Colorea los triángulos con rojo. Colorea los trapecios con violeta. Luego, escribe cuántos hay.

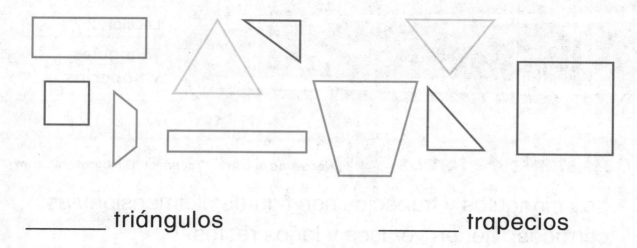

_____ triángulos   _____ trapecios

Dibuja y escribe el nombre de la figura.

6. Soy una figura bidimensional que tiene menos de 4 lados. Todos mis lados son rectos. ¿Qué figura soy?

_____

Comprobación del vocabulario

Traza líneas para relacionar.

7. triángulo

8. trapecio

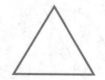

 Las mates en casa Pida a su niño o niña que compare un triángulo y un trapecio usando palabras como *lados* y *vértices*.

Círculos

Explorar y explicar Observa Herramientas

Lección 3

PREGUNTA IMPORTANTE
¿Cómo puedo reconocer figuras bidimensionales y partes iguales?

¡Demos una vuelta!

_____ lados

_____ vértices

Instrucciones para el maestro: Diga a los niños: _Los peces hacen burbujas en forma de círculos. Terminen de dibujar las burbujas que hizo el pez. Luego, usen bloques de atributos de círculos para dibujar 4 burbujas más. Describan las figuras y escriban cuántos lados y vértices tienen._

Ver y mostrar

Los **círculos** son figuras bidimensionales. Son cerrados y redondos. No tienen lados ni vértices.

círculo

_____0_____ lados

_____0_____ vértices

Escribe cuántos lados y vértices tienen.

1. _____ lados

_____ vértices

2. _____ lados

_____ vértices

3. _____ lados

_____ vértices

4. _____ lados

_____ vértices

Habla de las mates

¿Qué objetos de tu salón de clases tienen la forma de un círculo?

Nombre _____

Por mi cuenta

Escribe cuántos lados y vértices tienen.

5. _____ lados

_____ vértices

6. _____ lados

_____ vértices

7. _____ lados

_____ vértices

8. _____ lados

_____ vértices

Encierra en un círculo los objetos que corresponden a la primera figura.

9.

Encierra en un círculo las figuras cerradas.

10.

¡Yo nado en círculos!

Resolución de problemas

11. Soy una figura bidimensional que no tiene lados ni vértices. Escribe el nombre de la figura. Dibuja la figura.

_____

12. Dibuja una figura bidimensional. Escribe cuántos lados y vértices tiene.

_____ lados

_____ vértices

Problema S.O.S. Mario describió esta figura como una figura bidimensional con 4 lados. Mario está equivocado. Corrígelo.

_____

- -

_____

- -

_____

- -

Mi tarea

Asistente de tareas ¿Necesitas ayuda? connectED.mcgraw-hill.com

Los círculos son figuras redondas cerradas.
No tienen lados ni vértices.

círculo

0 lados
0 vértices

Práctica

Escribe cuántos lados y vértices tienen.

1. 　 _____ lados

_____ vértices

2. 　 _____ lados

_____ vértices

3. 　 _____ lados

_____ vértices

4. 　 _____ lados

_____ vértices

5. 　 _____ lados

_____ vértices

6. 　 _____ lados

_____ vértices

7. Amalia dibujó estas figuras.

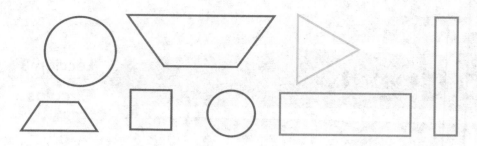

¿Cuántas figuras tienen 4 lados? _____ figuras

¿Cuántas figuras tienen 0 vértices? _____ figuras

Dibuja y escribe el nombre de la figura.

8. Soy una figura bidimensional que no tiene lados rectos. Soy redonda. ¿Qué figura soy?

_____

Comprobación del vocabulario

Encierra en un círculo la figura que muestra la palabra del vocabulario.

9. círculo

 Las mates en casa Recorte varios círculos de papel de diferente tamaño. Pida a su niño o niña que haga una ilustración pegando los círculos en otra hoja de papel.

Nombre ....

Comparar figuras

Explorar y explicar Observa Herramientas

Lección 4

PREGUNTA IMPORTANTE ¿Cómo puedo reconocer figuras bidimensionales y partes iguales?

¡Estoy un poco confundido! ¡Es tu turno!

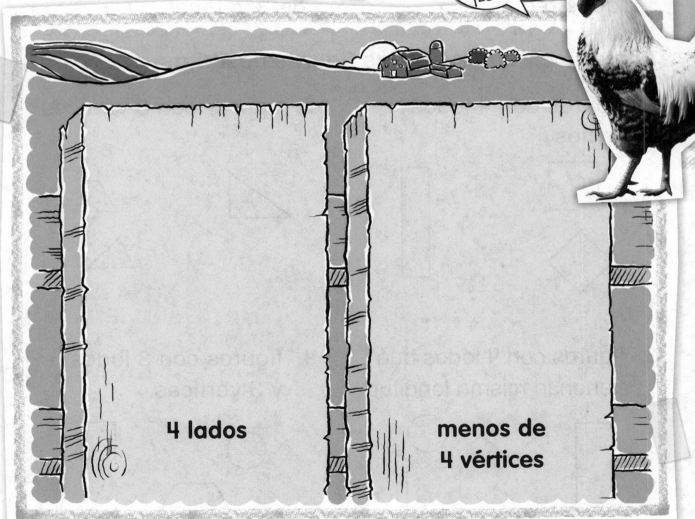

4 lados

menos de 4 vértices

Instrucciones para el maestro: Pida a los niños que usen bloques de atributos de círculos, cuadrados, rectángulos y triángulos. Diga: *Coloquen las figuras que tienen 4 lados en el lado izquierdo de la cerca y dibujen el contorno de las figuras. Coloquen las figuras que tienen menos de 4 vértices en el lado derecho de la cerca y dibujen el contorno de las figuras.*

Ver y mostrar

Puedes comparar y ordenar figuras bidimensionales.

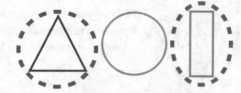

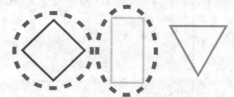

Encierra en un círculo las figuras que tienen lados rectos.

Encierra en un círculo las figuras con más de 3 vértices.

Encierra en un círculo las figuras descritas.

1. figuras con 4 lados rectos

2. figuras con 3 vértices

3. figuras con 4 lados que tienen la misma longitud

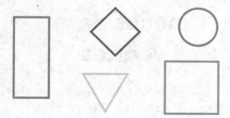

4. figuras con 3 lados y 3 vértices

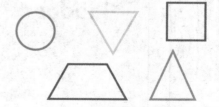

Habla de las mates ¿En qué se parecen y en qué se diferencian las figuras bidimensionales?

Nombre

Por mi cuenta

¿Qué figura soy yo?

Encierra en un círculo las figuras descritas.

5. figuras con 0 vértices

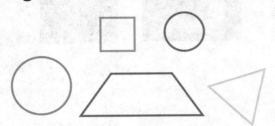

6. figuras con 4 lados

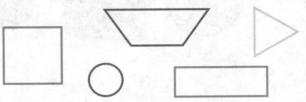

7. figuras con lados rectos

8. figuras con 0 vértices

9. figuras con 0 lados rectos

10. figuras que no son curvas

Resolución de problemas

 PRÁCTICAS
matemáticas

11. Marcela ve estos objetos en su escuela.
¿Cuántos objetos tienen más de tres lados?

_____ objetos

Problema S.O.S. Encierra en un círculo las
figuras del mismo tipo. Explica tu respuesta.

  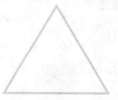

_____

_____

_____

_____

_____

Mi tarea

Lección 4
Comparar figuras

Asistente de tareas ¿**Necesitas ayuda?** connectED.mcgraw-hill.com

Puedes comparar y ordenar figuras bidimensionales.

figuras que tienen
4 lados rectos

figuras que son cerradas
y tienen 3 vértices

Práctica

Encierra en un círculo las figuras descritas.

1. figuras con 0 vértices

2. figuras con 3 lados

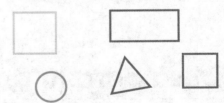

3. figuras con más
   de 2 lados

4. figuras cerradas

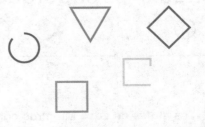

Encierra en un círculo las figuras descritas.

5. figuras con más de 2 lados rectos

6. figuras con menos de 4 vértices

7. Dibuja una figura que tenga 4 vértices y 2 pares de lados que tengan diferente longitud.

Copyright © The McGraw-Hill Companies, Inc. (l to r, t to b) Michael Houghton/StudiOhio; (2) Brand X Pictures/Punchstock; (3) Ken Cavanagh/The McGraw-Hill Companies; (4) C Squared Studios/Getty Images; (5) United States coin images from the United States Mint; (6) Stockbyte/Getty Images; (7) McGraw-Hill Companies; (8) C Squared Studios/Getty Images; (9) Image Source/Getty Images; (10) Ingram Publishing/Superstock

Práctica para la prueba

8. ¿Cuál figura tiene 3 lados y 3 vértices?

círculo	cuadrado	triángulo	rectángulo
◯	◯	◯	◯

Las mates en casa Mientras conduce, observe señales de tráfico con su niño o niña. Pídale que nombre y describa las figuras que ve.

Nombre _____

Comprobación del vocabulario

Traza líneas para relacionar.

1. **rectángulo**

2. **cuadrado**

3. **trapecio**

4. **triángulo**

5. **vértice**

Comprobación del concepto

Escribe cuántos lados y vértices tienen.

6. ____ lados

____ vértices

7. ____ lados

____ vértices

Escribe cuántos lados y vértices tienen.

8.  _____ lados

_____ vértices

9. _____ lados

_____ vértices

Encierra en un círculo las figuras descritas.

10. figuras con 3 lados

11. figuras con 0 lados

12. figuras con 4 lados de la misma longitud

13. figuras con 4 lados y 4 vértices

Práctica para la prueba

14. Lina tiene una figura con 4 lados de igual longitud y 4 vértices. Carlos tiene una figura sin lados ni vértices. ¿Cuáles son las dos figuras?

cuadrado, círculo
○

cuadrado, triángulo
○

rectángulo, cuadrado
○

triángulo, círculo
○

Geometría
1.G.2

CCSS

Figuras compuestas

Lección 5

PREGUNTA IMPORTANTE
¿Cómo puedo reconocer figuras bidimensionales y partes iguales?

Explorar y explicar

Observa Herramientas

¡Hace sol aquí afuera!

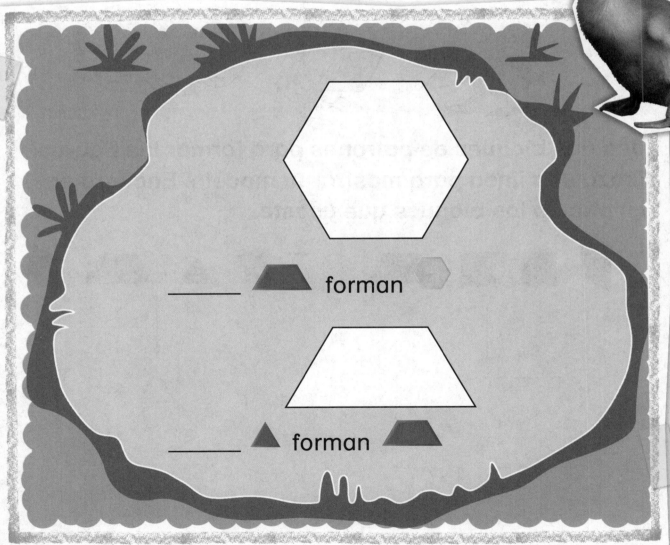

_____ forman

_____ ▲ forman

Instrucciones para el maestro: Pida a los niños que usen bloques de patrones para formar las nuevas figuras. Diga: *Dibujen el contorno de los bloques de patrones para mostrar su trabajo. Escriban cuántos bloques de patrones usaron.*

Ver y mostrar

Puedes unir figuras para formar una nueva figura.

Esta nueva figura se llama **figura compuesta**.

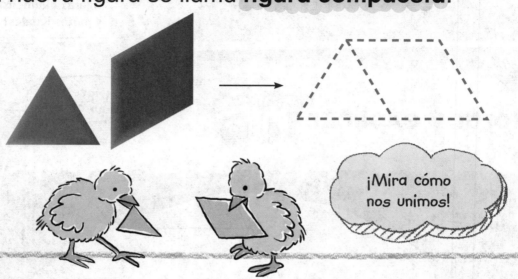

¡Mira cómo nos unimos!

Usa dos bloques de patrones para formar las figuras. Traza una línea para mostrar tu modelo. Encierra en un círculo los bloques que usaste.

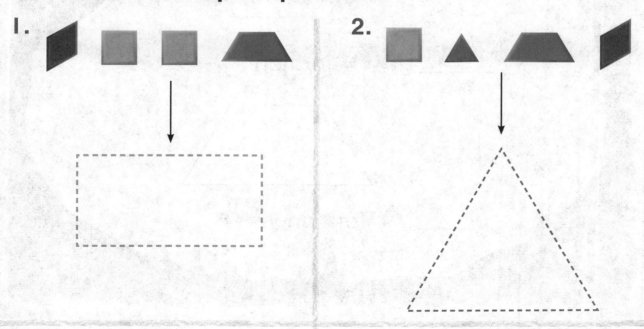

1.

2.

Habla de las mates

¿Cómo puedes encontrar las figuras que se necesitan para formar figuras compuestas?

Por mi cuenta

Usa dos bloques de patrones para formar las figuras. Traza una línea para mostrar tu modelo. Encierra en un círculo los bloques que usaste.

3.

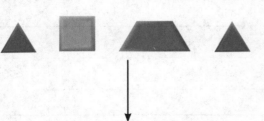

4.

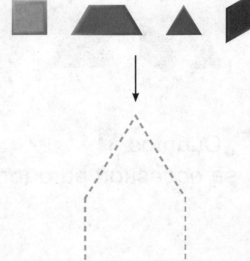

Escoge dos bloques de patrones para formar una figura compuesta. Dibuja la figura. Encierra en un círculo los bloques que usaste.

5.

6.

Resolución de problemas

PRÁCTICAS
matemáticas

Responde a las preguntas. Traza líneas para mostrar tu trabajo.

7. Encierra en un círculo el bloque de patrón que puedes usar 2 veces para formar esta figura.

8. ¿Cuántas se necesitan para formar un ?

_____

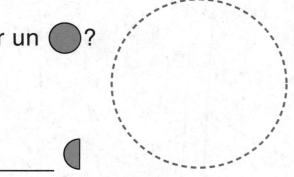

Problema S.O.S. Si las 4 figuras se combinan, ¿qué figura forman? Di cómo lo sabes.

_____

_____

_____

_____

Copyright © The McGraw-Hill Companies, Inc.

Mi tarea

Asistente de tareas [Ayuda en línea]   ¿Necesitas ayuda? connectED.mcgraw-hill.com

Puedes unir figuras para formar una nueva figura.

Práctica

Encierra en un círculo los dos bloques de patrones que forman las figuras. Traza una línea para mostrar tu modelo.

1.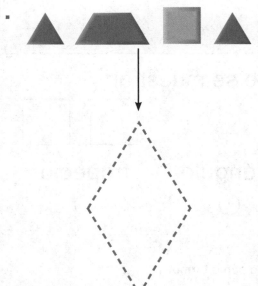

2.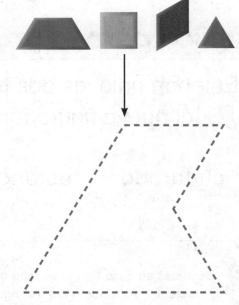

Encierra en un círculo los dos bloques de patrones que forman las figuras. Traza una línea para mostrar tu modelo.

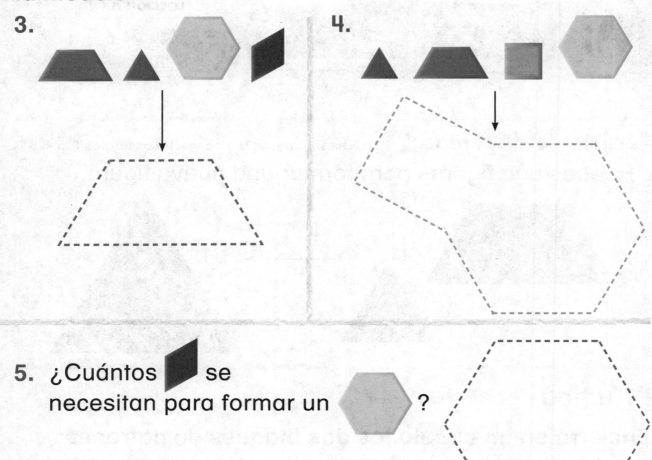

3.

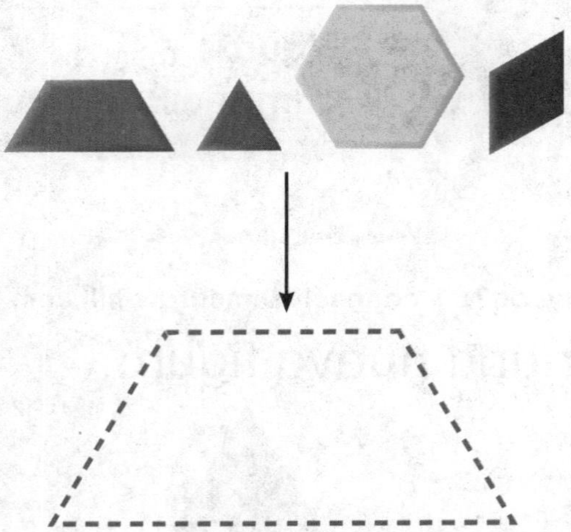

4.

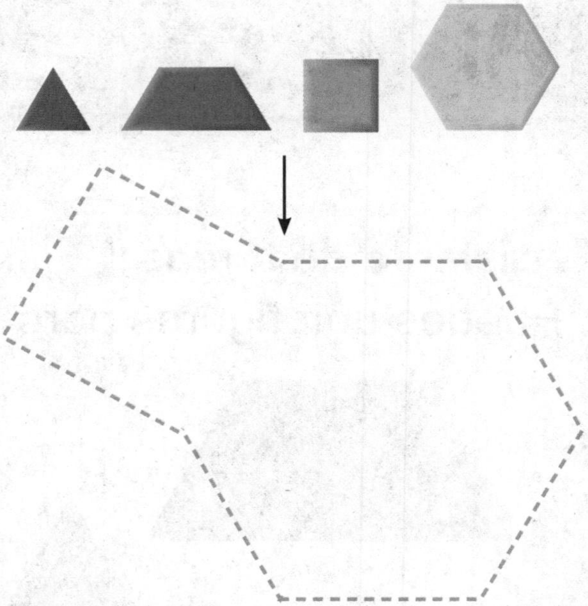

5. ¿Cuántos  se necesitan para formar un  ?

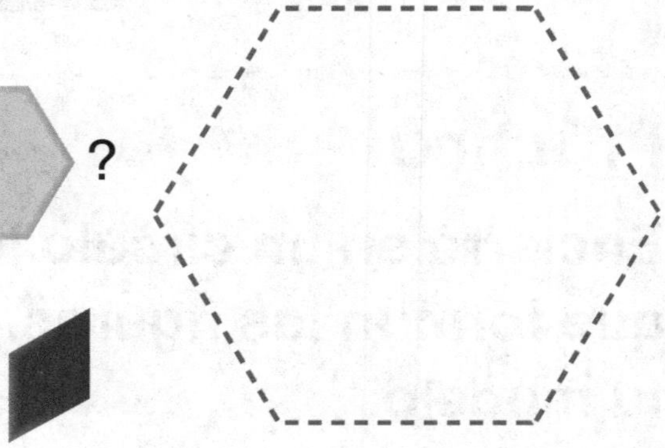

______

Práctica para la prueba

6. Esteban unió las dos figuras que se muestran. ¿Cuál nueva figura formó?

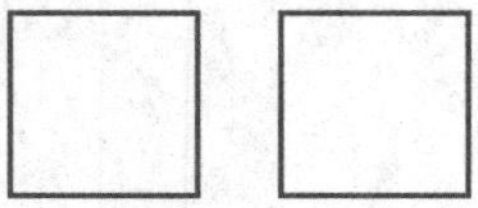

cuadrado ○ rectángulo ○ triángulo ○ trapecio ○

Las mates en casa Pida a su niño o niña que le diga cómo formar un rectángulo usando otras dos figuras.

Geometría
1.G.2

CCSS

Más figuras compuestas

Explorar y explicar

Lección 6

PREGUNTA IMPORTANTE
¿Cómo puedo reconocer figuras bidimensionales y partes iguales?

¡Hola!

Instrucciones para el maestro: Diga a los niños: *Unan dos bloques de patrones. Dibujen el contorno de la figura que formaron y tracen una línea para mostrar su modelo. Ahora, unan los bloques de patrones de diferente manera. Dibujen el contorno de la nueva figura y tracen una línea para mostrar su modelo.*

Ver y mostrar

Puedes girar bloques de patrones para formar distintas figuras compuestas.

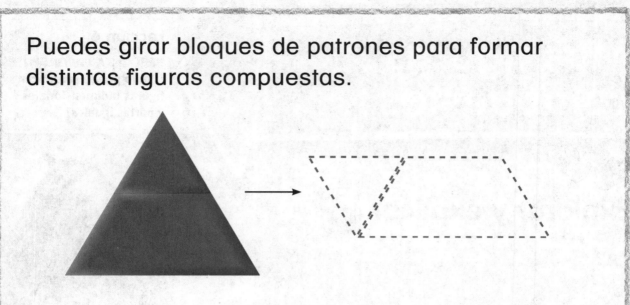

Encierra en un círculo los bloques de patrones que forman la figura compuesta. Luego, usa los mismos bloques para formar una nueva figura. Dibuja la figura.

1.

Habla de las mates

Describe dos figuras que podrías unir para formar un rectángulo.

Nombre

Por mi cuenta

Usa los bloques de patrones mostrados para formar la figura compuesta. Luego, usa los mismos bloques para formar una nueva figura. Dibuja la figura.

2.

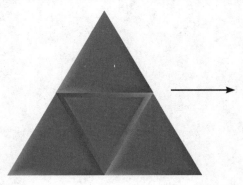

3.

4.

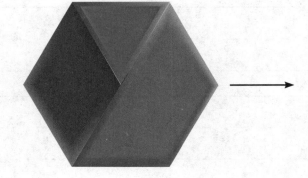

Resolución de problemas

PRÁCTICAS
matemáticas

5. Édgar está formando nuevas figuras usando estos 4 bloques de patrones. Dibuja 1 de las figuras que Édgar puede formar.

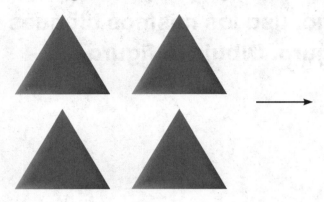

Problema S.O.S. Alex tiene un hexágono. Lo divide en un trapecio y 3 triángulos. Traza líneas para mostrar esto. Explica tu respuesta.

_____

- -

_____

- -

_____

- -

_____

670   Capítulo 9 • Lección 6

Copyright © The McGraw-Hill Companies, Inc.

Nombre

Mi tarea

Asistente de tareas ¿Necesitas ayuda? connectED.mcgraw-hill.com

Puedes girar figuras para formar distintas figuras.

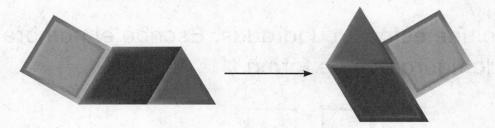

¿Cuáles 3 figuras se usaron para formar la figura anterior?

Práctica

**Encierra en un círculo los bloques de patrones
que forman la figura.**

1.

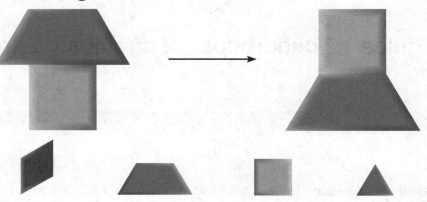

Encierra en un círculo los bloques de patrones que forman la figura.

2.

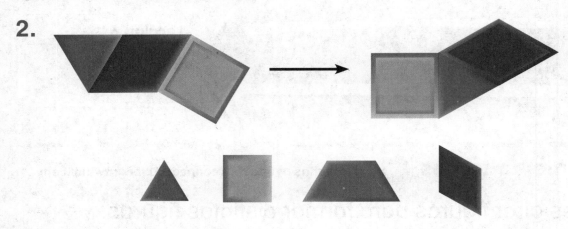

---

3. Eric une estos 2 cuadrados. Escribe el nombre de la figura que se forma.

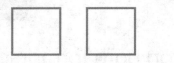

_____

Práctica para la prueba

4. Sara unió dos figuras. Formó esta figura. ¿Cuáles fueron las 2 figuras que unió?

2 triángulos	2 cuadrados	2 círculos	2 trapecios
○	○	○	○

 Las mates en casa Recorte algunos triángulos, cuadrados y rectángulos de cartulina. Pida a su niño o niña que una las figuras para crear nuevas figuras.

Resolución de problemas

ESTRATEGIA: Usar razonamiento lógico

Lección 7

PREGUNTA IMPORTANTE
¿Cómo puedo reconocer figuras bidimensionales y partes iguales?

Ana formó esta figura con 9 bloques. ¿Cuáles 4 bloques faltan?

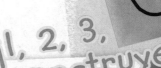

¡1, 2, 3, construye!

1 Comprende Subraya lo que sabes.
Encierra en un círculo lo que debes hallar.

2 Planea ¿Cómo resolveré el problema?

3 Resuelve Voy a usar razonamiento lógico.

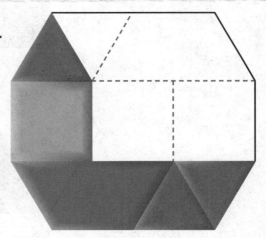

4 Comprueba ¿Es razonable mi respuesta? ¿Por qué?

Practica la estrategia

Ángel tiene 6 bloques de patrones.
Forma esta figura. Faltan dos bloques de
patrones. ¿Cuáles dos bloques faltan?

¿Puedo ayudar?

1 **Comprende** Subraya lo que sabes.
Encierra en un círculo
lo que debes hallar.

2 **Planea** ¿Cómo resolveré el problema?

3 **Resuelve** Voy a...

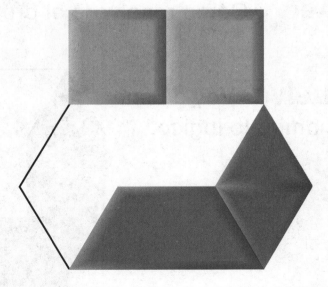

4 **Comprueba** ¿Es razonable mi respuesta?
¿Por qué?

Nombre

Aplica la estrategia

Usa bloques de patrones para resolver.

1. Kelly formó esta figura usando solo trapecios y triángulos. ¿Cuántos bloques faltan?

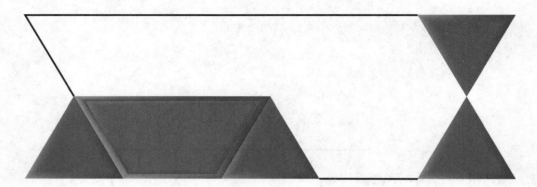

3 trapecios y _____ triángulos

2. Jorge formó esta figura usando bloques de triángulos. ¿Cuántos triángulos faltan?

_____ triángulos

Repasa las estrategias

Escoge una estrategia
- Usar razonamiento lógico.
- Representar.
- Dibujar un diagrama.

3. Lucas cubre este bloque de patrón con 6 bloques de patrones iguales. ¿Qué bloques usó?

_____

4. Mandy une 2 triángulos para formar una nueva figura. ¿Cuántos lados tiene la figura?

_____ lados

5. Kevin formó una figura. Kiro quitó 3 bloques. Traza líneas para mostrar los 3 bloques que faltan.

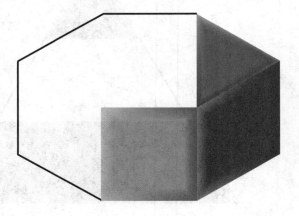

Mi tarea

Lección 7

Resolución
de problemas:
Usar razonamiento
lógico

Asistente de tareas   ¿Necesitas ayuda? ⬎ connectED.mcgraw-hill.com

Megan formó esta figura compuesta.
¿Cuáles bloques faltan?

1 Comprende Subraya lo que sabes.
Encierra en un círculo
lo que debes hallar.

---

2 Planea ¿Cómo resolveré el problema?

---

3 Resuelve Voy a usar
razonamiento
lógico.

¡Soy un hexágono!

¡Soy un trapecio!

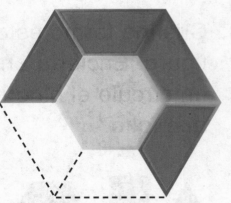

Faltan dos trapecios.

---

4 Comprueba ¿Es razonable mi respuesta?

Resolución de problemas

Subraya lo que sabes. Encierra en un círculo lo que debes hallar. Usa razonamiento lógico para resolver.

1. Rashad cubrió el bloque de patrón con tres bloques iguales. Encierra en un círculo los bloques que usó.

2. ¿Cuántos trapecios necesitarías para formar esta figura?

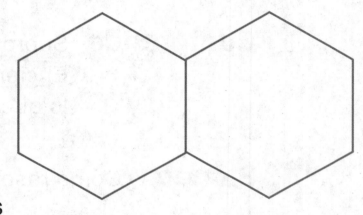

_____ trapecios

3. Cristina formó esta figura. Encierra en un círculo el bloque que falta.

Las mates en casa Pida a su niño o niña que arme una figura a partir de cuadrados, triángulos y trapecios de cartulina. Luego, retire algunas figuras y pídale que descubra cuáles faltan.

Nombre _____

Comprobación del vocabulario

Traza líneas para relacionar.

1. **lado**

2. **vértice**

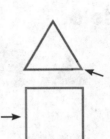

Comprobación del concepto

Escribe cuántos lados y vértices tienen.

3.

_____ lados

_____ vértices

4.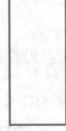

_____ lados

_____ vértices

5.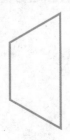

_____ lados

_____ vértices

6.

_____ lados

_____ vértices

7. Encierra en un círculo las figuras cerradas.

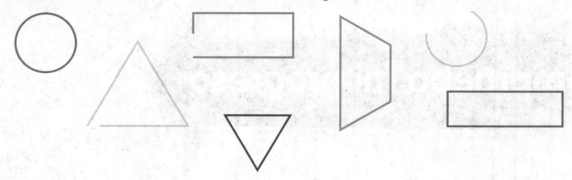

Encierra en un círculo los dos bloques de patrones que forman la figura. Traza una línea para mostrar tu modelo.

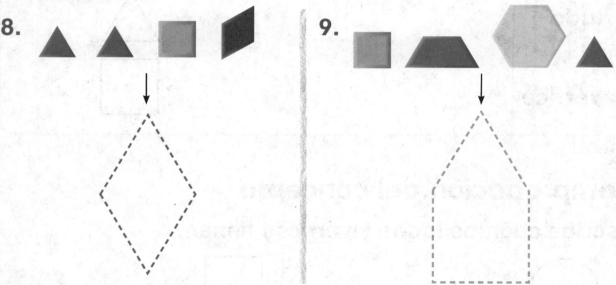

Práctica para la prueba

10. Alba y Jana tienen cada una una figura. La figura de Alba no tiene vértices. La figura de Jana tiene 4 lados que tienen la misma longitud. ¿Cuáles son las dos figuras?

rectángulo, círculo ○   trapecio, cuadrado ○

cuadrado, rectángulo ○   círculo, cuadrado ○

Geometría
1.G.3

CCSS

Partes iguales

Explorar y explicar

Observa Herramientas

Lección 8

PREGUNTA IMPORTANTE
¿Cómo puedo reconocer figuras bidimensionales y partes iguales?

¡Para mí se ve igual!

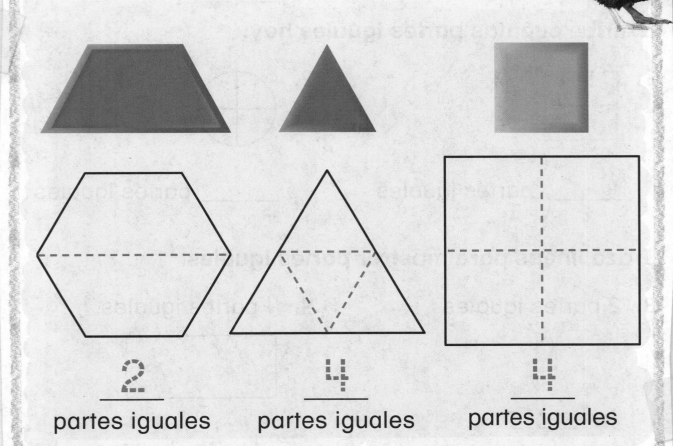

2
partes iguales

4
partes iguales

4
partes iguales

Instrucciones para el maestro: Pida a los niños que usen bloques de patrones de cuadrados, triángulos y trapecios. Diga: *Cubran las figuras con los bloques que se muestran. Tracen las líneas para mostrar su trabajo y digan el número de partes iguales que hay en cada figura. Escriban cuántas partes iguales hay.*

Ver y mostrar

Un **entero** se puede dividir en **partes iguales.** Las partes iguales de un entero tienen el mismo tamaño.

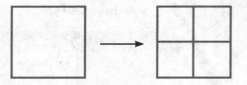 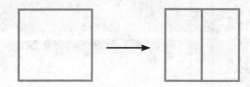

___**4**___ partes iguales   ___**2**___ partes iguales

Escribe cuántas partes iguales hay.

1.

   _____ partes iguales

2.

   _____ partes iguales

Traza líneas para mostrar partes iguales.

3. 2 partes iguales

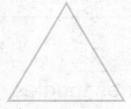

4. 4 partes iguales

Habla de las mates ¿Cómo sabes cuándo son iguales las partes?

Por mi cuenta

Escribe cuántas partes iguales hay.

5.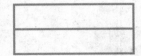

_____ partes iguales

6.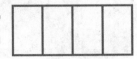

_____ partes iguales

7.

_____ partes iguales

8.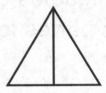

_____ partes iguales

Traza líneas para mostrar partes iguales.

9. 4 partes iguales

10. 2 partes iguales

Encierra en un círculo la figura que muestra partes iguales.

11.

 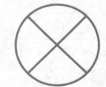 

Resolución de problemas

12. Jazmín divide su sándwich en dos partes iguales.
Encierra en un círculo el sándwich de Jazmín.

13. Daniel va a compartir un pastel
en partes iguales con 3 amigos.
¿Cuántas partes iguales necesita?

_____ partes iguales

Problema S.O.S. Isabel y Katy cortaron
esta pizza para compartirla con dos amigos.
Di por qué están equivocadas. Corrígelas.

_____

_____

_____

_____

_____

_____

_____

_____

Nombre

Mi tarea

Asistente de tareas ¿Necesitas ayuda? connectED.mcgraw-hill.com

Un entero se puede dividir en partes iguales. Las partes iguales de un entero tienen el mismo tamaño.

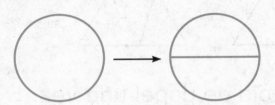

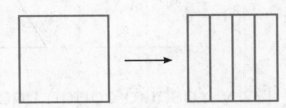

2 partes iguales   **4 partes iguales**

Práctica

Escribe cuántas partes iguales hay.

1.
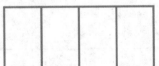

_____ partes iguales

2.

_____ partes iguales

3.

_____ partes iguales

4.

_____ partes iguales

Traza líneas para mostrar partes iguales.

5. 4 partes iguales

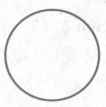

6. 2 partes iguales

7. Encierra en un círculo la figura que muestra partes iguales.

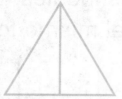 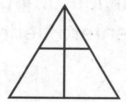 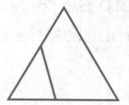

8. Liz y Yoshiko cortan una hoja de papel una vez. Cada una obtiene una parte igual del entero. ¿Cuántas partes iguales tienen?

_____ partes iguales

Comprobación del vocabulario

Encierra en un círculo la respuesta correcta.

9. entero

10. partes iguales

 Las mates en casa Pida a su niño o niña que divida una tostada en 2 y luego en 4 partes iguales.

Mitades

Lección 9

PREGUNTA IMPORTANTE
¿Cómo puedo reconocer figuras bidimensionales y partes iguales?

¡Dibuja un lindo corral para cerdos!

Explorar y explicar

Observa ▶

Herramientas ⚙

Instrucciones para el maestro: Pida a los niños que dibujen el contorno de bloques de atributos de un cuadrado, un círculo y un rectángulo para hacer tres corrales para cerdos. Diga: *Tracen líneas para dividir las figuras en dos partes iguales. Sombreen cada parte con un color diferente.*

Ver y mostrar

Un entero que se divide
en 2 partes iguales se
divide en **mitades**.

Cada parte es una mitad
del entero.

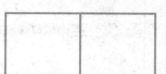

___2___ partes iguales o ___2___ mitades

Escribe cuántas partes iguales componen el entero.

1.

_____ partes iguales

2.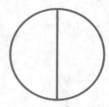

_____ partes iguales

**Traza líneas para mostrar dos partes iguales. Escribe
cuántas mitades hay.**

3.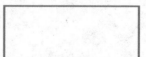

_____ mitades

4.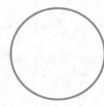

_____ mitades

 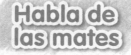

¿Cuántas mitades componen un entero?

Nombre _____

Por mi cuenta

Escribe cuántas partes iguales componen el entero.

5.

_____ partes iguales

6.

_____ partes iguales

Falta una mitad de cada figura. Dibuja la mitad que falta.

7.

8.

9.

10.

Colorea la mitad de las figuras. Escribe cuántas partes están sombreadas.

11.

_____ de _____ partes

12.

_____ de _____ partes

Resolución de problemas

PRÁCTICAS
matemáticas

13. José tiene un perro caliente. Lo corta
por la mitad. ¿En cuántas partes iguales
se cortó el perro caliente?

¡Compartamos!

_____ partes iguales

14. Tina dibuja este cuadrado. Ayuda
a Tina a mostrar 2 partes iguales
trazando una línea.

Problema S.O.S. Jenny está comiendo la mitad de
una naranja. Samanta está comiendo la otra mitad
de la misma naranja. Jenny dice que tiene menos
que Samanta. ¿Puede estar en lo cierto?

_____

_____

_____

_____

_____

_____

Nombre _____

Mi tarea

Lección 9

Mitades

Asistente de tareas ¿Necesitas ayuda? ➚ connectED.mcgraw-hill.com

Una figura que se divide
en 2 partes iguales se
divide en mitades.

2 partes iguales o 2 mitades

Práctica

Escribe cuántas partes iguales componen el entero.

1.

_____ partes iguales

2.

_____ partes iguales

Traza líneas para mostrar dos partes iguales. Escribe cuántas mitades hay.

3.

_____ mitades

4.

_____ mitades

Falta una mitad de cada figura. Dibuja la mitad que falta.

5.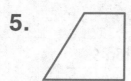

6.

Colorea la mitad de las figuras. Escribe cuántas partes están sombreadas.

7.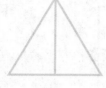

_____ de _____ partes

8.

_____ de _____ partes

9. Dos amigos comparten una manzana por igual. ¿Cuántas partes iguales hay?

_____ partes iguales

Comprobación del vocabulario

10. Encierra en un círculo la figura que muestra **mitades**.

 Las mates en casa Pida a su niño o niña que use hilo para dividir la mesa de la cocina en 2 partes iguales. Pídale que describa las 2 partes de maneras diferentes, como partes iguales, 1 de 2 partes o la mitad de.

Geometría
1.G.3
CCSS

Cuartas partes y cuartos

Lección 10

PREGUNTA IMPORTANTE ¿Cómo puedo reconocer figuras bidimensionales y partes iguales?

¡Psst! ¡Vas a necesitar esto!

Explorar y explicar Observa

 Instrucciones para el maestro: Diga a los niños: *Dividan el rectángulo en dos partes iguales. Luego, divídanlo en cuatro partes iguales y coloreen cada parte con un color diferente. Ahora dividan el círculo en cuatro partes iguales y coloreen cada parte con un color diferente.*

Ver y mostrar

Un entero que se divide en 4 partes iguales se divide en **cuartos** o cuartas partes.

Cada parte es un cuarto o la cuarta parte del entero.

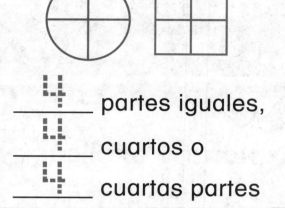

_____ partes iguales,

_____ cuartos o

_____ cuartas partes

Escribe cuántas partes iguales componen el entero.

1.

_____ partes iguales

2.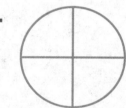

_____ partes iguales

Traza líneas para mostrar 4 partes iguales. Escribe cuántos cuartos hay.

3.

_____ cuartos

4.

_____ cuartos

Copyright © The McGraw-Hill Companies, Inc.

 **Habla de las mates** ¿En qué se diferencian las mitades y los cuartos?

Por mi cuenta

Falta una cuarta parte de cada figura. Dibuja la cuarta parte que falta.

5.

6.

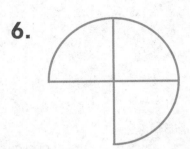

Colorea un cuarto de las figuras. Escribe cuántas partes están sombreadas.

7.

8.

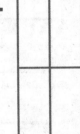

_____ de _____ partes   _____ de _____ partes

Colorea una parte igual. Escribe los números.

9.

10.

_____ de _____ partes   _____ de _____ partes

Resolución de problemas

11. Heidi tiene una galleta. Quiere compartirla con 3 amigas. ¿Cuántas partes iguales necesita Heidi?

¡Es hora de la merienda!

_____ partes iguales

Problema S.O.S. Adriana traza una línea en un rectángulo para mostrar partes iguales. Luego, traza otra línea para mostrar más partes iguales. Describe lo que sucede con el tamaño de las partes.

Nombre

Mi tarea

Asistente de tareas ¿Necesitas ayuda? connectED.mcgraw-hill.com

Una figura que se divide
en 4 partes iguales se
divide en cuartos
o cuartas partes.

4 partes iguales,
4 cuartos o 4 cuartas partes

Práctica

Escribe cuántas partes iguales componen el entero.

1.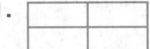

_____ partes iguales

2.

_____ partes iguales

Traza líneas para mostrar 4 partes iguales. Escribe cuántos cuartos hay.

3.

_____ cuartos

4.

_____ cuartos

Falta una cuarta parte de cada figura. Dibuja la cuarta parte que falta.

5.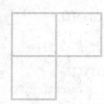

6.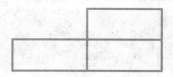

Colorea un cuarto de las figuras. Escribe cuántas partes están sombreadas.

7.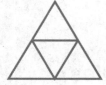

_____ de _____ partes

8.

_____ de _____ partes

9. Sam y tres amigos compartieron un sándwich en partes iguales. ¿Cuántas partes iguales había?

_____ partes iguales

Comprobación del vocabulario

10. Encierra en un círculo la figura que muestra **cuartos**.

  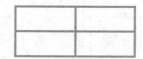

 Las mates en casa Recorte un cuadrado grande, un rectángulo grande y un círculo grande de papel. Pida a su niño o niña que le muestre cuartos doblando las figuras en 4 partes iguales.

Mi repaso

Comprobación del vocabulario

Completa las oraciones.

cuartos   entero

figura bidimensional   mitades

I. Dos partes iguales de un entero se llaman

_____.

2. Una _____ es una figura plana, como un círculo, un triángulo o un cuadrado.

3. Cuatro partes iguales de un entero se llaman

_____.

4. La cantidad total o todas las partes se llama el

_____.

Comprobación del concepto

Escribe cuántos lados y vértices tienen.

5. _____ lados

_____ vértices

6. _____ lados

_____ vértices

Encierra en un círculo los dos bloques de patrones que forman la figura. Traza una línea para mostrar tu modelo.

7.

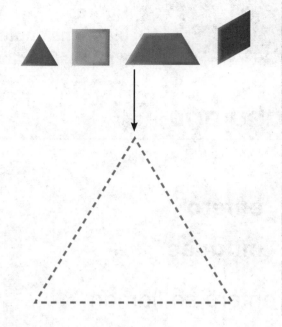

8.

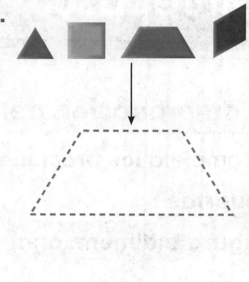

Escribe cuántas partes iguales componen el entero.

9.

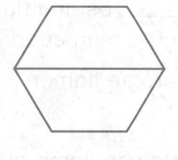

_____ partes iguales

10.

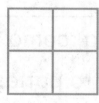

_____ partes iguales

Escribe cuántas partes están sombreadas.

11.

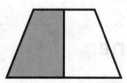

_____ de _____ partes

12.

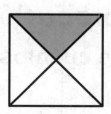

_____ de _____ partes

Nombre
....

 # Resolución de problemas

13. Soy una figura bidimensional que tiene
más de dos, pero menos de 4 lados.
¿Qué figura soy?

_____

14. Alan y Mat quieren un trozo de pastel
de pollo. Cada uno quiere una parte
igual. Traza una línea para mostrar
cómo deben cortar el pastel de pollo.

Práctica para la prueba

15. Jill y Carlos tienen cada uno una figura. Las dos
figuras tienen 4 lados y 4 vértices. La figura de
Jill tiene 4 lados de la misma longitud. La figura
de Carlos tiene exactamente 1 par de lados de
la misma longitud. ¿Cuáles son las figuras?

cuadrado y triángulo   cuadrado y trapecio
  ◯   ◯

triángulo y rectángulo   círculo y cuadrado
  ◯   ◯

PREGUNTA IMPORTANTE

¿Cómo puedo reconocer figuras bidimensionales y partes iguales?

Encierra en un círculo las figuras que tienen más de 3 vértices.

Encierra en un círculo los bloques de patrones que forman la figura compuesta.

Traza líneas para mostrar partes iguales.

 2 partes iguales

 4 partes iguales

¡Ahora ya sé!

10 Figuras tridimensionales

¡Nuestras aventuras en la cocina!

¡Mira el video!

Observa

Mis **estándares** estatales

Geometría

1.G.1 Distinguir entre atributos definitorios (por ejemplo, los triángulos son figuras cerradas de tres lados) y atributos no definitorios (por ejemplo, el color, la orientación y el tamaño); crear y dibujar figuras que posean atributos definitorios.

1.G.2 Unir figuras bidimensionales (rectángulos, cuadrados, trapecios, triángulos, semicírculos y cuartos de círculo) o tridimensionales (cubos, prismas rectangulares rectos, conos rectos y cilindros rectos) para crear una figura compuesta, y componer nuevas figuras a partir de la figura compuesta.

Estándares para las
PRÁCTICAS
matemáticas

1. Entender los problemas y perseverar en la búsqueda de una solución.
2. Razonar de manera abstracta y cuantitativa.
3. Construir argumentos viables y hacer un análisis del razonamiento de los demás.
4. Representar con matemáticas.
5. Usar estratégicamente las herramientas apropiadas.
6. Prestar atención a la precisión.
7. Buscar una estructura y usarla.
8. Buscar y expresar regularidad en el razonamiento repetido.

= Se trabaja en este capítulo.

Nombre _____

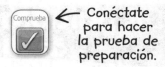 Conéctate para hacer la prueba de preparación.

Traza una X sobre el objeto que tiene una forma diferente.

1.

2.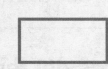

Traza líneas para relacionar los objetos que tienen la misma forma.

3.

4.

5.

6. Mara estaba usando este objeto para jugar. Encierra en un círculo el nombre de la figura.

cilindro   cono   cubo

¿Cómo me fue? → Sombrea las casillas para mostrar los problemas que respondiste correctamente.

1	2	3	4	5	6

Nombre

Las palabras de mis mates

Vocabulario

Repaso del vocabulario

círculo   cuadrado   rectángulo

Usa las palabras del repaso. Escribe el nombre de las figuras que se muestran en color.

Búsqueda de figuras bidimensionales

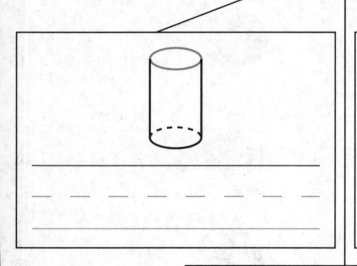

_____

- - - - - - - - -

_____

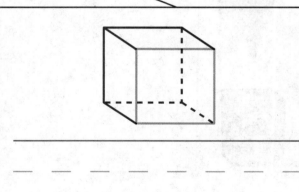

_____

- - - - - - - - -

_____

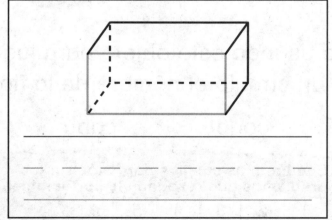

_____

- - - - - - - - -

_____

Mis tarjetas de vocabulario

Lección 10-1

cara

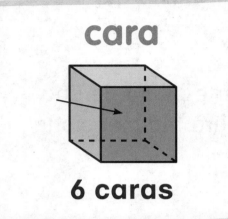

6 caras

Lección 10-2

cilindro

Lección 10-2

cono

Lección 10-1

cubo

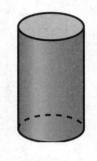

Lección 10-1

figura tridimensional

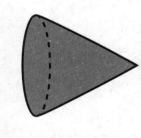

Lección 10-1

prisma rectangular

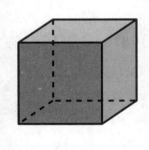 

Figura tridimensional que tiene la forma de una lata.

Parte plana de una figura tridimensional.

Figura tridimensional con 6 caras cuadradas.

Figura tridimensional que se estrecha hasta un punto desde una cara circular.

Figura tridimensional con 6 caras que son rectángulos.

Un sólido. Una figura que no es plana.

Mi modelo de papel

FOLDABLES Sigue los pasos que aparecen en el reverso para hacer tu modelo de papel.

cubo

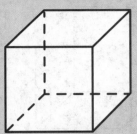

_____ **caras**

_____ **vértices**

prisma rectangular

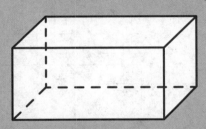

_____ **caras**

_____ **vértices**

cono

_____ **cara**

_____ **vértice**

cilindro

_____ **caras**

_____ **vértices**

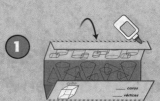

Nombre

Cubos y prismas

Lección 1

PREGUNTA IMPORTANTE
¿Cómo puedo identificar figuras tridimensionales?

Explorar y explicar

Observa ▶ Herramientas

¿Qué figuras somos?

 Instrucciones para el maestro: Pida a los niños que usen ▬ y ◼. Diga: *Comparen y describan las figuras. Dibujen el contorno de una cara de cada figura. Digan a un compañero o una compañera las figuras tridimensionales que se relacionan con las caras que dibujaron.*

Ver y mostrar

Las **figuras tridimensionales** son figuras sólidas.
Los cubos y prismas rectangulares tienen **caras**
y vértices.

cubo

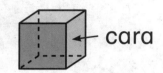

cara

prisma rectangular

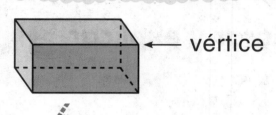

vértice

___6___ caras

___8___ vértices

___6___ caras

___8___ vértices

**Identifica las figuras. Encierra en un círculo el nombre.
Escribe el número de caras y vértices que tienen.**

1.

cubo   prisma rectangular

_____ caras   _____ vértices

2.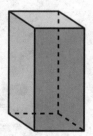

cubo   prisma rectangular

_____ caras   _____ vértices

Habla de las mates   ¿En que se parecen un prisma
rectangular y un cubo?

Por mi cuenta

Identifica las figuras. Encierra en un círculo el nombre. Escribe el número de caras y vértices que tienen.

3.   cubo   prisma rectangular

_____ caras   _____ vértices

4. 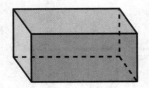   cubo   prisma rectangular

_____ caras   _____ vértices

Encierra en un círculo la forma de las caras que son parte de los objetos.

5.    ◯ ▢ △ ▭

6. 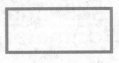   ◯ ⏢ △ ▭

Encierra en un círculo el objeto que se puede formar con las caras.

7. ▢ ▢ ▢
▢ ▢ ▢

Resolución de problemas

8. ¿Qué figura son las caras de este cubo de queso? Dibuja las caras.

Mi nombre es Jack. Mi apellido es Colby.

_____

9. Si unes estas figuras, ¿qué figura tridimensional formas? Encierra en un círculo el nombre de la figura.

☐ ☐ ☐ ☐ ☐ ☐

cubo   prisma rectangular

Habla de las mates

¿En qué se diferencian los cubos y los prismas rectangulares?

_____

_ _

_____

_ _

_____

_ _

_____

_ _

_____

Nombre _____

Mi tarea

Asistente de tareas

¿Necesitas ayuda? connectED.mcgraw-hill.com

Un cubo y un prisma rectangular son dos tipos de figuras tridimensionales con caras y vértices.

cubo

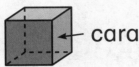

cara

6 caras
8 vértices

prisma rectangular

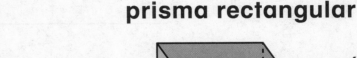

← vértice

6 caras
8 vértices

Práctica

Identifica las figuras. Encierra en un círculo el nombre. Escribe el número de caras y vértices que tienen.

1.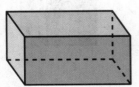

    cubo   prisma rectangular

    _____ caras   _____ vértices

2.

    cubo   prisma rectangular

    _____ caras   _____ vértices

Encierra en un círculo la forma de las caras que son parte del objeto.

3.

4. Manuel está envolviendo un regalo.
El regalo tiene 6 caras rectangulares.
¿Qué figura es la caja?

_____

Comprobación del vocabulario

Encierra en un círculo la respuesta correcta.

5. prisma rectangular

6. cubo

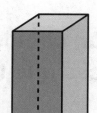

 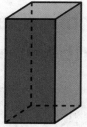

Copyright © The McGraw-Hill Companies, Inc.   Mark Steinmetz/The McGraw-Hill Companies, Inc.

 Las mates en casa Pida a su niño o niña que identifique y describa cubos y prismas rectangulares en su casa.

Conos y cilindros

¿Cuál es
tu sabor
favorito?

Explorar y explicar

Observa

Herramientas

 Instrucciones para el maestro: Pida a los niños que usen ⬜ y ⬜. Diga: *Comparen
y describan las figuras. Dibujen el contorno de una cara de cada figura. Expliquen
qué notan acerca de las caras del cono y del cilindro.*

Ver y mostrar

Los conos y cilindros son dos tipos más de figuras tridimensionales. Ambas figuras tienen al menos una cara. Solo los conos tienen un vértice.

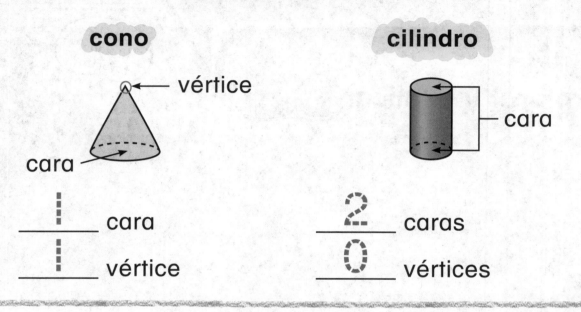

cono

vértice

cara

cilindro

cara

_____1_____ cara

_____1_____ vértice

_____2_____ caras

_____0_____ vértices

Identifica las figuras. Encierra en un círculo el nombre. Escribe el número de caras y vértices que tienen.

1.

cono   cilindro

_____ caras   _____ vértices

2.

cono   cilindro

_____ cara   _____ vértice

¿En qué se diferencian un cono y un cilindro?

¡Dulces golosinas para este cilindro!

Por mi cuenta

Identifica las figuras. Encierra en un círculo el nombre. Escribe el número de caras y vértices que tienen.

3.

cono   cilindro

_____ caras   _____ vértices

4.

cono   cilindro

_____ cara   _____ vértice

Encierra en un círculo la forma de las caras que son parte de los objetos.

5.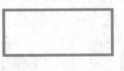

6.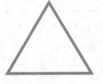

Encierra en un círculo el objeto que tiene las caras que se muestran.

7.

8. ¿Qué figura tridimensional tiene solo una cara?

_____

9. ¿Qué forma tienen las caras de este cilindro? Dibuja cada una de las caras.

_____

Problema S.O.S. ¿Cuál figura es diferente? Explica por qué es diferente.

_____

_____

_____

_____

Mi tarea

Asistente de tareas **¿Necesitas ayuda?** connectED.mcgraw-hill.com

Los conos y cilindros son figuras tridimensionales. Ambas figuras tienen al menos una cara. Solo los conos tienen un vértice.

cono

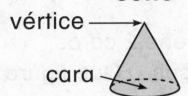

vértice

cara

1 cara
1 vértice

cilindro

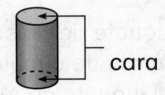

cara

2 caras
0 vértices

Práctica

Identifica las figuras. Encierra en un círculo el nombre. Escribe el número de caras y vértices que tienen.

1.

   cono   cilindro

   _____ cara   _____ vértice

2.

   cono   cilindro

   _____ caras   _____ vértices

Encierra en un círculo la forma de las caras que son parte del objeto.

3.

Encierra en un círculo el objeto que tiene la cara que se muestra.

4.

5. El juguete de mascar de un perro tiene 2 caras en forma de círculo y no tiene vértices. ¿Qué figura es el juguete de mascar?

_____

Comprobación del vocabulario

Encierra en un círculo la respuesta correcta.

6. **cilindro**

7. **cono**

 Las mates en casa Pida a su niño o niña que identifique y describa conos y cilindros en su casa.

Nombre

Compruebo mi progreso

Comprobación del vocabulario

Completa las oraciones.

cara   **cilindro**   **cono**   **cubo**

1. Un _____ tiene I cara y I vértice.

2. Un _____ tiene 6 caras cuadradas
   y 8 vértices.

3. Una _____ es la parte plana de
   una figura tridimensional.

4. Un _____ tiene 2 caras y 0 vértices.

Comprobación del concepto

**Identifica las figuras. Encierra en un círculo el nombre.
Escribe el número de caras y vértices que tienen.**

5. 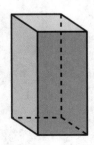   cono   prisma rectangular

         _____ caras   _____ vértices

Encierra en un círculo la forma de las caras que son parte de los objetos.

6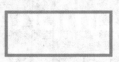

7.

Encierra en un círculo el objeto que se puede formar con las caras.

8.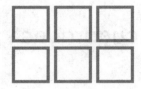

9.

Práctica para la prueba

10. Lisa separó un cubo. ¿Cuántos cuadrados obtuvo?

2   4   6   8

○   ○   ○   ○

Nombre

Resolución de problemas

ESTRATEGIA: Buscar un patrón

Lección 3

PREGUNTA IMPORTANTE
¿Cómo puedo identificar figuras tridimensionales?

¿Dónde voy yo?

Jairo creó un patrón con estas figuras. ¿Qué figura falta?

_____

1 Comprende Subraya lo que sabes.
Encierra en un círculo lo que debes hallar.

2 Planea ¿Cómo resolveré el problema?

3 Resuelve Voy a hallar un patrón.
Encierro en un círculo la figura que falta.

4 Comprueba ¿Es razonable mi respuesta?
¿Por qué?

Practica la estrategia

Sofía creó un patrón con estas figuras. ¿Qué figura sigue?

 ___

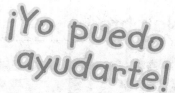
¡Yo puedo ayudarte!

1 Comprende Subraya lo que sabes.
Encierra en un círculo lo que debes hallar.

2 Planea ¿Cómo resolveré el problema?

3 Resuelve Voy a...
Encierro en un círculo la figura que sigue.

4 Comprueba ¿Es razonable mi respuesta?
¿Por qué?

Aplica la estrategia

Halla un patrón para resolver.

1. Juliana creó este patrón.

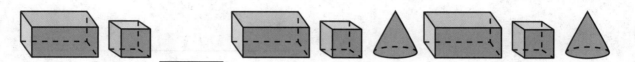

¿Qué figura falta? Enciérrala en un círculo.

2. Estos son los bloques de Chris.

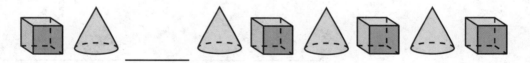

¿Qué figura falta? Enciérrala en un círculo.

3. Carol formó una fila de bloques.

¿Qué figura falta? Enciérrala en un círculo.

cono   cubo

Repasa las estrategias

Escoge una estrategia
- Hallar un patrón.
- Dibujar un diagrama.
- Usar razonamiento lógico.

4. Tengo una cara. Tengo un vértice. ¿Qué figura soy?

_____

5. Laura compra una caja de pañuelos de papel. La caja tiene 8 vértices. Todas las caras son rectángulos. ¿Qué figura es la caja de pañuelos?

¡Me soplaron lejos!

_____

6. Carina formó la fila de figuras que se muestra. Necesita 2 bloques más para terminar el patrón.

____ ____

¿Cuáles dos figuras necesita? Enciérralas en un círculo.

cubo   cono   prisma rectangular

Nombre

Mi tarea

Asistente de tareas ¿Necesitas ayuda? connectED.mcgraw-hill.com

Arnold creó un patrón con estos bloques.
¿Qué figura sigue?

1 Comprende Subraya lo que sabes.
Encierra en un círculo
lo que debes hallar.

2 Planea ¿Cómo resolveré el problema?

3 Resuelve Voy a hallar un patrón.

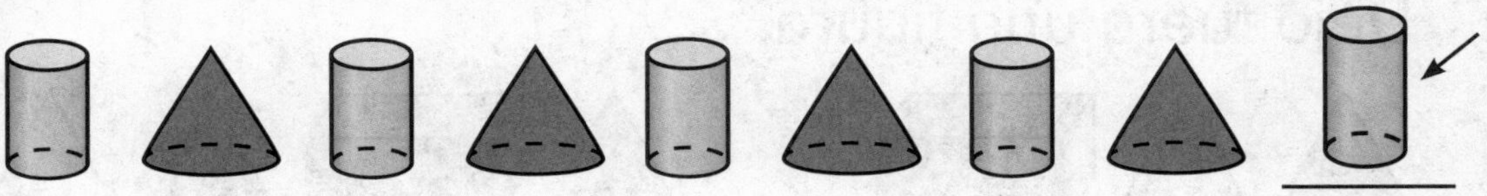

La figura que sigue es un cilindro.

4 Comprueba ¿Es razonable mi respuesta?

Resolución de problemas

Halla un patrón para resolver.

1. Jeny creó este patrón.

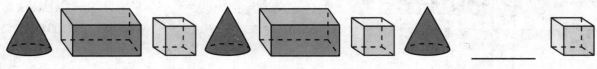

¿Qué figura falta? Enciérrala en un círculo.

2. Alex hizo este collar. Va a colocar una figura al lado derecho del cordel para terminar el patrón.

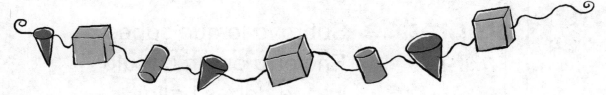

¿Qué figura falta? Enciérrala en un círculo.

3. Elisa formó una fila de figuras. Dejó fuera una figura.

¿Qué figura falta? Enciérrala en un círculo.

cono azul   cono amarillo   prisma rectangular rojo

Las mates en casa Cree un patrón de objetos que tengan formas tridimensionales. Pida a su niño o niña que copie el patrón.

Geometría
1.G.2

CCSS

Combinar figuras tridimensionales

Lección 4

PREGUNTA IMPORTANTE
¿Cómo puedo identificar figuras tridimensionales?

Explorar y explicar

Herramientas

¿Puedo unirme a la diversión?

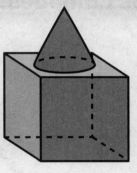

cubo   prisma rectangular   cono

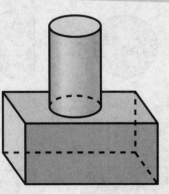

prisma rectangular   cilindro   cubo

Instrucciones para el maestro: Pida a los niños que usen sólidos geométricos para formar las figuras compuestas que se muestran. Diga: *Encierren en un círculo el nombre de las figuras que usaron para formar la figura compuesta.*

Contenido en línea en ✂ **connectED.mcgraw-hill.com**   Capítulo 10 • Lección 4   731

Ver y mostrar

Puedes unir figuras tridimensionales para formar otras figuras compuestas.

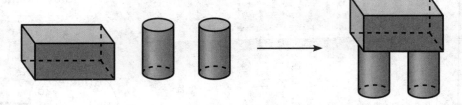

Encierra en un círculo las figuras que se usaron para formar las figuras compuestas.

1.

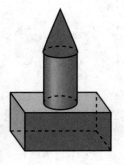   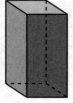

2.

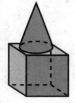

3.

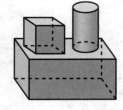 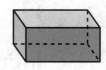

Habla de las mates

¿Se sostendrá un cubo encima de una esfera?

Nombre

Por mi cuenta

¡Armemos!

Encierra en un círculo las figuras que se usaron para formar las figuras compuestas.

4.

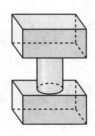 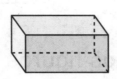

5.

 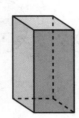

6.

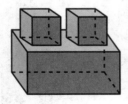   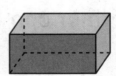

Encierra en un círculo la figura que no se usó para formar la figura compuesta que se muestra.

7.

Resolución de problemas

8. ¿Cuántas caras en total hay en la figura compuesta que se muestra?

_____ caras

9. Encierra en un círculo las figuras que tienen dos o más caras.

    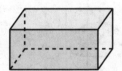

Problema S.O.S. Diana armó esta figura compuesta. Describe otra figura compuesta que pueda armar con estas figuras.

_____

_____

_____

_____

Nombre _____

Mi tarea

Asistente de tareas   ¿Necesitas ayuda? connectED.mcgraw-hill.com

Puedes unir figuras tridimensionales para formar otras figuras compuestas.

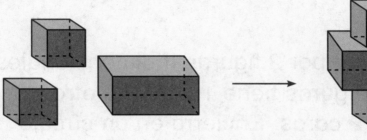

Práctica

Encierra en un círculo las figuras que se usaron para formar las figuras compuestas.

1.

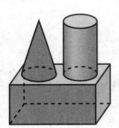   

2.

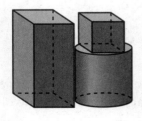   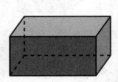

Encierra en un círculo las figuras que no se usaron para formar las figuras compuestas que se muestran.

3.

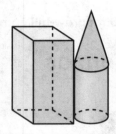

4.

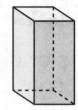

5. Estoy formado por 2 figuras tridimensionales. Una de mis figuras tiene 1 cara. La otra figura tiene 2 caras. Encierra en un círculo las 2 figuras.

Práctica para la prueba

6. ¿Cuántas caras tienen un cubo y un cilindro en total?

  2   4   6   8

  ○   ○   ○   ○

Las mates en casa Pida a su niño o niña que encuentre diferentes objetos tridimensionales en casa. Pídale que arme nuevas figuras compuestas con estos objetos. Pídale que le diga cuáles figuras usó para crearlas.

Nombre

Comprobación del vocabulario

Traza líneas para relacionar.

1. **cono**

2. **cubo**

3. **cilindro**

4. **prisma rectangular**

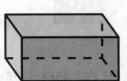

Comprobación del concepto

Identifica las figuras. Encierra en un círculo el nombre. Escribe el número de caras y vértices que tienen.

5.

cilindro   cubo

_____ caras   _____ vértices

Identifica las figuras. Encierra en un círculo el nombre.
Escribe el número de caras y vértices que tienen.

6.

cono   prisma rectangular

_____ cara   _____ vértice

7.

cubo   cilindro

_____ caras   _____ vértices

Encierra en un círculo el objeto que se puede formar con las caras.

8.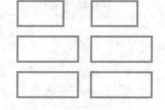

Encierra en un círculo el objeto que tiene la cara que se muestra.

9.

Encierra en un círculo la figura que no se usó para armar esta figura compuesta.

10.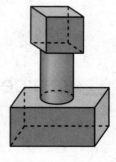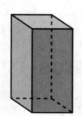

Nombre

Resolución de problemas

11. Si unes estas figuras, ¿qué figura tridimensional formas?

☐ ☐ ☐ ☐ ☐ ☐

Encierra en un círculo el nombre de la figura que forman.

cubo   prisma rectangular

---

12. Encierra en un círculo las figuras con 4 o más caras.

    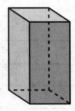

Práctica para la prueba

13. Soy una figura tridimensional. Mis caras tienen forma de cuadrado. Tengo 8 vértices. ¿Qué figura soy?

○   ○   ○   ○

Capítulo 10

Respuesta a la pregunta importante

Encierra en un círculo las figuras de las casillas que cumplen las reglas.

PREGUNTA IMPORTANTE

¿Cómo puedo identificar figuras tridimensionales?

Caras	Vértices
2 caras	0 vértices
6 caras	8 vértices

¡Ahora ya sé!

Cereal

Glosario/Glossary

← Conéctate para consultar el Glosario en línea.

Aa	Español	Inglés/English

alto (más alto, el más alto)

alto

tall (taller, tallest)

tall

altura

bajo alto

height

short tall

Aa

antes

5 6 7 8

6 está justo *antes* del 7.

before

5 6 7 8

6 is just *before* 7.

año

enero						
d	l	m	m	j	v	s
						1
2	3	4	5	6	7	8
9	10	11	12	13	14	15
16	17	18	19	20	21	22
23	24	25	26	27	28	29
30	31					

febrero						
d	l	m	m	j	v	s
			1	2	3	4	5
6	7	8	9	10	11	12
13	14	15	16	17	18	19
20	21	22	23	24	25	26
27	28					

marzo						
d	l	m	m	j	v	s
		1	2	3	4	5
6	7	8	9	10	11	12
13	14	15	16	17	18	19
20	21	22	23	24	25	26
27	28	29	30	31		

abril						
d	l	m	m	j	v	s
					1	2
3	4	5	6	7	8	9
10	11	12	13	14	15	16
17	18	19	20	21	22	23
24	25	26	27	28	29	30

mayo						
d	l	m	m	j	v	s
1	2	3	4	5	6	7
8	9	10	11	12	13	14
15	16	17	18	19	20	21
22	23	24	25	26	27	28
29	30	31				

junio						
d	l	m	m	j	v	s
			1	2	3	4
5	6	7	8	9	10	11
12	13	14	15	16	17	18
19	20	21	22	23	24	25
26	27	28	29	30		

julio						
d	l	m	m	j	v	s
					1	2
3	4	5	6	7	8	9
10	11	12	13	14	15	16
17	18	19	20	21	22	23
24	25	26	27	28	29	30
31						

agosto						
d	l	m	m	j	v	s
	1	2	3	4	5	6
7	8	9	10	11	12	13
14	15	16	17	18	19	20
21	22	23	24	25	26	27
28	29	30	31			

septiembre						
d	l	m	m	j	v	s
				1	2	3
4	5	6	7	8	9	10
11	12	13	14	15	16	17
18	19	20	21	22	23	24
25	26	27	28	29	30	

octubre						
d	l	m	m	j	v	s
						1
2	3	4	5	6	7	8
9	10	11	12	13	14	15
16	17	18	19	20	21	22
23	24	25	26	27	28	29
30	31					

noviembre						
d	l	m	m	j	v	s
		1	2	3	4	5
6	7	8	9	10	11	12
13	14	15	16	17	18	19
20	21	22	23	24	25	26
27	28	29	30			

diciembre						
d	l	m	m	j	v	s
				1	2	3
4	5	6	7	8	9	10
11	12	13	14	15	16	17
18	19	20	21	22	23	24
25	26	27	28	29	30	31

year

January						
S	M	T	W	T	F	S
						1
2	3	4	5	6	7	8
9	10	11	12	13	14	15
16	17	18	19	20	21	22
23	24	25	26	27	28	29
30	31					

February						
S	M	T	W	T	F	S
		1	2	3	4	5
6	7	8	9	10	11	12
13	14	15	16	17	18	19
20	21	22	23	24	25	26
27	28					

March						
S	M	T	W	T	F	S
		1	2	3	4	5
6	7	8	9	10	11	12
13	14	15	16	17	18	19
20	21	22	23	24	25	26
27	28	29	30	31		

April						
S	M	T	W	T	F	S
					1	2
3	4	5	6	7	8	9
10	11	12	13	14	15	16
17	18	19	20	21	22	23
24	25	26	27	28	29	30

May						
S	M	T	W	T	F	S
1	2	3	4	5	6	7
8	9	10	11	12	13	14
15	16	17	18	19	20	21
22	23	24	25	26	27	28
29	30	31				

June						
S	M	T	W	T	F	S
			1	2	3	4
5	6	7	8	9	10	11
12	13	14	15	16	17	18
19	20	21	22	23	24	25
26	27	28	29	30		

July						
S	M	T	W	T	F	S
					1	2
3	4	5	6	7	8	9
10	11	12	13	14	15	16
17	18	19	20	21	22	23
24	25	26	27	28	29	30
31						

August						
S	M	T	W	T	F	S
	1	2	3	4	5	6
7	8	9	10	11	12	13
14	15	16	17	18	19	20
21	22	23	24	25	26	27
28	29	30	31			

September						
S	M	T	W	T	F	S
				1	2	3
4	5	6	7	8	9	10
11	12	13	14	15	16	17
18	19	20	21	22	23	24
25	26	27	28	29	30	

October						
S	M	T	W	T	F	S
						1
2	3	4	5	6	7	8
9	10	11	12	13	14	15
16	17	18	19	20	21	22
23	24	25	26	27	28	29
30	31					

November						
S	M	T	W	T	F	S
		1	2	3	4	5
6	7	8	9	10	11	12
13	14	15	16	17	18	19
20	21	22	23	24	25	26
27	28	29	30			

December						
S	M	T	W	T	F	S
				1	2	3
4	5	6	7	8	9	10
11	12	13	14	15	16	17
18	19	20	21	22	23	24
25	26	27	28	29	30	31

capacidad Cantidad de material seco o líquido que cabe en un recipiente.

capacity The amount of dry or liquid material a container can hold.

cara Parte plana de una figura tridimensional.

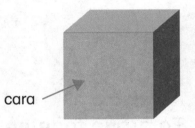

cara

face The flat part of a three-dimensional shape.

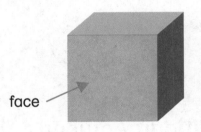

face

centavo ¢

1¢   1 centavo

cent ¢

1¢   1 cent

centenas Los números en el rango de 100 a 999. Es el valor posicional de un número.

hundreds The numbers in the range of 100-999. It is the place value of a number.

cero El número cero es igual a nada o ninguno.

zero The number zero equals none or nothing.

Cc

cilindro Figura tridimensional que tiene la forma de una lata.

cylinder A three-dimensional shape that is shaped like a can.

círculo Figura redonda y cerrada.

circle A closed round shape.

clasificar Agrupar elementos con características iguales.

sort To group together like items.

comparar Observar objetos, formas o números para saber en qué se parecen y en qué se diferencian.

compare Look at objects, shapes, or numbers and see how they are alike or different.

cono Figura tridimensional que se estrecha hasta un punto desde una cara circular.

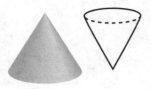

cone A three-dimensional shape that narrows to a point from a circular face.

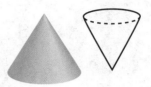

contar hacia atrás En una recta numérica, empieza en el 5 y cuenta 3 hacia atrás.

$5 - 3 = 2$ Cuenta 3 hacia atrás.

count back On a number line, start at the number 5 and count back 3.

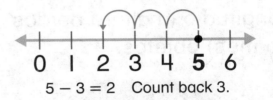

$5 - 3 = 2$ Count back 3.

contiene más

La jarra contiene más que el vaso.

holds more/most

The pitcher holds more than the glass.

Cc

contiene menos

El vaso contiene menos que la jarra.

holds less/least

The glass holds less than the pitcher.

corto (más corto, el más corto) Comparar la longitud o la altura de dos (o más) objetos.

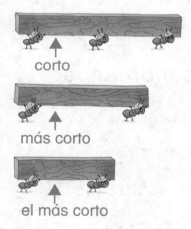

corto

más corto

el más corto

short (shorter, shortest) To compare length or height of two (or more) objects.

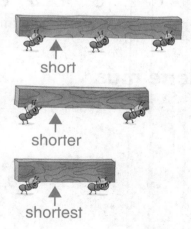

short

shorter

shortest

cuadrado Rectángulo que tiene cuatro lados iguales.

square A rectangle that has four equal sides.

cuartos Cuatro partes iguales de un entero. Cada parte es un cuarto o la cuarta parte del entero.

fourths Four equal parts of a whole. Each part is a fourth, or a quarter of the whole.

cubo Figura tridimensional con 6 caras cuadradas.

cube A three-dimensional shape with 6 square faces.

Dd

datos Números o símbolos que se recopilan para mostrar información.

Nombre	Número de mascotas
María	3
Jaime	1
Alonzo	4

data Numbers or symbols collected to show information.

Name	Number of Pets
Maria	3
James	1
Alonzo	4

decenas Los números en el rango de 10 a 99. Es el valor posicional de un número.

53

5 está en la posición de las decenas.
3 está en la posición de las unidades.

tens The numbers in the range 10–99. It is the place value of a number.

53

5 is in the tens place.
3 is in the ones place.

después Que sigue en lugar o en tiempo.

5 6 7 8

6 está justo *después* del 5.

after To follow in place or time.

5 6 7 8

6 is just *after* 5.

día

día

abril

domingo	lunes	martes	miércoles	jueves	viernes	sábado
		1	2	3	4	5
6	7	8	9	10	11	12
13	14	15	16	17	18	19
20	21	22	23	24	25	26
27	28	29	30			

day

day

April

Sunday	Monday	Tuesday	Wednesday	Thursday	Friday	Saturday
		1	2	3	4	5
6	7	8	9	10	11	12
13	14	15	16	17	18	19
20	21	22	23	24	25	26
27	28	29	30			

diagrama de Venn Dibujo que tiene círculos para clasificar y mostrar datos.

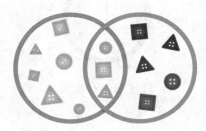

Venn diagram A drawing that uses circles to sort and show data.

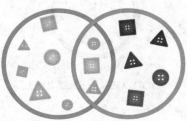

diferencia Resultado de un problema de resta.

$$3 - 1 = 2$$

La diferencia es 2. ↑

difference The answer to a subtraction problem.

$$3 - 1 = 2$$

The difference is 2. ↑

dobles (dobles más 1, dobles menos 1) Dos sumandos que son el mismo número.

$$2 + 2 = 4$$

$$2 + 3 = 5 \quad 2 + 1 = 3$$

doubles (doubles plus 1, doubles minus 1) Two addends that are the same number.

$$2 + 2 = 4$$

$$2 + 3 = 5 \quad 2 + 1 = 3$$

en punto Al comienzo de la hora.

Son las 3 en punto.

o'clock At the beginning of the hour.

It is 3 o'clock.

encuesta Recopilación de datos haciendo la misma pregunta a un grupo de personas.

Alimentos favoritos	
Alimento	Votos
🍎	卌
🥬	|||
🥪	卌 |||

Esta encuesta muestra los alimentos favoritos.

survey To collect data by asking people the same question.

Favorite Foods	
Food	Votes
🍎	卌
🥬	|||
🥪	卌 |||

This survey shows favorite foods.

entero La cantidad total o el objeto completo.

whole The entire amount of an object.

entre

El gatito está *entre* los dos perros.

between

The kitten is *between* the two dogs.

enunciado de resta
Expresión en la cual se usan números con los signos − e =.

$$9 - 5 = 4$$

subtraction number sentence An expression using numbers and the − and = signs.

$$9 - 5 = 4$$

enunciado de suma
Expresión en la cual se usan números con los signos + e =.

$$4 + 5 = 9$$

addition number sentence An expression using numbers and the + and = signs.

$$4 + 5 = 9$$

esfera Sólido con la forma de una pelota redonda.

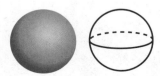

sphere A solid shape that has the shape of a round ball.

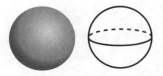

falso Algo que no es cierto. Lo opuesto de verdadero.

false Something that is not a fact. The opposite of true.

familia de operaciones Enunciados de suma y de resta que tienen los mismos números. Algunas veces se llaman *operaciones relacionadas*.

$$6 + 7 = 13 \qquad 13 - 7 = 6$$
$$7 + 6 = 13 \qquad 13 - 6 = 7$$

fact family Addition and subtraction sentences that use the same numbers. Sometimes called *related facts*.

$$6 + 7 = 13 \qquad 13 - 7 = 6$$
$$7 + 6 = 13 \qquad 13 - 6 = 7$$

figura bidimensional Contorno de una figura como un triángulo, un cuadrado o un rectángulo.

two-dimensional shape The outline of a shape such as a triangle, square, or rectangle.

figura compuesta Dos o más figuras que se unen para formar una figura nueva.

composite shape Two or more shapes that are put together to make a new shape.

figura tridimensional
Un sólido. Una figura que no es plana.

three-dimensional shape
A solid shape. A shape that is not flat.

gráfica Forma de presentar los datos recopilados.

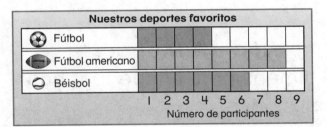
gráfica de barras

graph A way to present data collected.

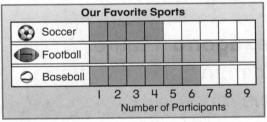
bar graph

gráfica con imágenes
Gráfica que tiene distintas imágenes para ilustrar la información recopilada.

picture graph A graph that has different pictures to show information collected.

Our Favorite Toys

Gg

gráfica de barras Gráfica que usa barras para ilustrar datos.

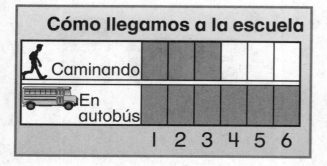

Cómo llegamos a la escuela

Caminando						
En autobús						
	1	2	3	4	5	6

bar graph A graph that uses bars to show data.

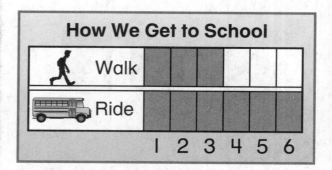

How We Get to School

Walk						
Ride						
	1	2	3	4	5	6

Hh

hexágono Figura bidimensional que tiene seis lados.

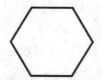

hexagon A two-dimensional shape that has six sides.

hora Unidad de tiempo.

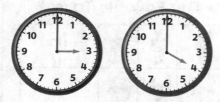

1 hora = 60 minutos

hour A unit of time.

1 hour = 60 minutes

igual (=) Que tienen el mismo valor o son lo mismo.

$$2 + 4 = 6$$

signo igual ↑

equals (=) Having the same value as or is the same as.

$$2 + 4 = 6$$

equals sign ↑

igual a (=)

$$6 = 6$$
6 es igual a 6.

equal to (=)

$$6 = 6$$
6 is equal to 6.

lado

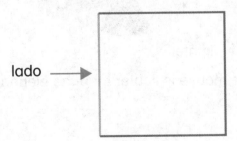

lado →

side

side →

largo (más largo, el más largo) Manera de comparar la longitud de dos objetos.

largo

más largo

el más largo

long (longer, longest) A way to compare the lengths of two objects.

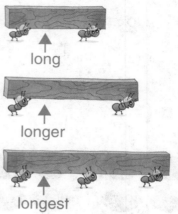

long

longer

longest

liviano (más liviano, el más liviano) Pesa menos.

más liviano

El ratón es más liviano que el elefante.

light (lighter, lightest) Weighs less.

lighter

The mouse is lighter than the elephant.

longitud

longitud

length

length

Mm

manecilla horaria
Manecilla del reloj que indica la hora. Es la manecilla más corta.

manecilla horaria

hour hand The hand on a clock that tells the hour. It is the shorter hand.

hour hand

más

más

more

more

más (+) Signo que se usa para mostrar la suma.

$$4 + 5 = 9$$

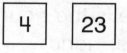

signo más

plus (+) The sign used to show addition.

$$4 + 5 = 9$$

plus sign

masa Cantidad de materia en un objeto. La masa de un objeto nunca cambia.

mass The amount of matter in an object. The mass of an object never changes.

mayor que (>)/el mayor El número o grupo con más cantidad.

| 4 | 23 | 56 |

56 es el mayor.

greater than (>)/greatest The number or group with more.

| 4 | 23 | 56 |

56 is the greatest.

media hora (o y media) Media hora son 30 minutos. A veces se dice *y media*.

half hour (or half past) One half of an hour is 30 minutes. Sometimes called *half past* or *half past the hour*.

medir Hallar la longitud, altura, peso o capacidad mediante unidades estándares o no estándares.

measure To find the length, height, weight or capacity using standard or nonstandard units.

menor que (<)/el menor El número o grupo con menos cantidad.

4 es el menor.

less than (<)/least The number or group with fewer.

4 is the least.

menos (−) Signo que indica resta.

$$5 - 2 = 3$$

signo menos

minus (−) The sign used to show subtraction.

$$5 - 2 = 3$$

minus sign

menos/el menor El número o grupo con menos.

Hay menos fichas amarillas que fichas rojas.

fewer/fewest The number or group with less.

There are fewer yellow counters than red ones.

Mm

mes

mes

month

month

minutero La manecilla más larga del reloj, que indica los minutos.

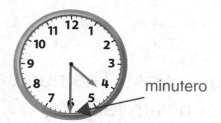
minutero

minute hand The longer hand on a clock that tells the minutes.

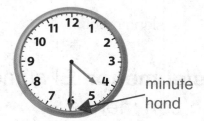
minute hand

minuto (min) Unidad que se usa para medir el tiempo.

I minuto = 60 segundos

minute (min) A unit to measure time.

I minute = 60 seconds

mitades Dos partes iguales de un entero. Cada parte es la mitad del entero.

halves Two equal parts of a whole. Each part is a half of the whole.

moneda de 5¢ moneda de cinco centavos = 5¢ o 5 centavos

nickel nickel = 5¢ or 5 cents

cara   cruz

head   tail

moneda de 10¢ moneda de diez centavos = 10¢ o 10 centavos

dime dime = 10¢ or 10 cents

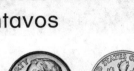

cara   cruz

head   tail

moneda de 1¢ moneda de un centavo = 1¢ o 1 centavo

penny penny = 1¢ or 1 cent

cara   cruz

head   tail

número Dice cuántos hay.
1, 2, 3, 4, 5, 6, 7, 8, 9, 10...

Hay tres pollitos.

number Tells how many.
1, 2, 3, 4, 5, 6, 7, 8, 9, 10...

There are 3 chicks.

número ordinal

primero   segundo   tercero

ordinal number

first   second   third

Oo

operaciones inversas
Operaciones que se anulan
entre sí.

La suma y la resta son
operaciones inversas u opuestas.

inverse Operations that
undo each other.

Addition and subtraction are inverse
or opposite operations.

operaciones relacionadas
Operaciones básicas en las cuales se usan los mismos números. También se llaman *familias de operaciones.*

$$4 + 1 = 5 \qquad 5 - 4 = 1$$
$$1 + 4 = 5 \qquad 5 - 1 = 4$$

related fact(s) Basic facts using the same numbers. Sometimes called a *fact family.*

$$4 + 1 = 5 \qquad 5 - 4 = 1$$
$$1 + 4 = 5 \qquad 5 - 1 = 4$$

orden

$$1, 3, 6, 7, 9$$

Estos números están en orden de menor a mayor.

order

$$1, 3, 6, 7, 9$$

These numbers are in order from least to greatest.

Pp

parte Una de las partes que se juntan al sumar.

Parte ●	Parte ●
2	2
Total	

part One of the parts joined when adding.

● Part	● Part
2	2
Whole	

Pp

partes iguales Cada parte tiene el mismo tamaño.

Un pastelito cortado en partes iguales.

equal parts Each part is the same size.

A muffin cut in equal parts.

patrón Orden que sigue continuamente un conjunto de objetos o números.

A, A, B, A, A, B, A, A, B

└─ unidad del patrón

pattern An order that a set of objects or numbers follows over and over.

A, A, B, A, A, B, A, A, B

└─ pattern unit

patrón repetitivo

repeating pattern

pesado (más pesado, el más pesado) Pesa más.

más pesado

Un elefante es más pesado que un ratón.

heavy (heavier, heaviest) Weighs more.

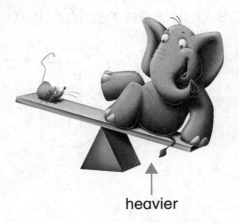

heavier

An elephant is heavier than a mouse.

peso

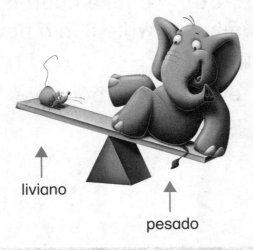

liviano

pesado

weight

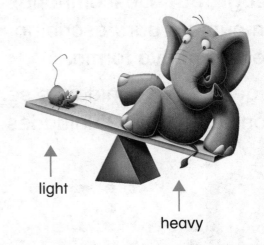

light

heavy

posición Indica dónde está un objeto.

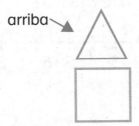

arriba

position Tells where an object is.

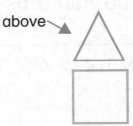

above

prisma rectangular
Figura tridimensional con 6 caras que son rectángulos.

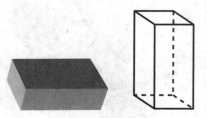

rectangular prism A three-dimensional shape with 6 faces that are rectangles.

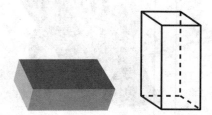

reagrupar Descomponer un número para escribirlo de una nueva forma.

1 decena + 2 unidades se convierten en 12 unidades.

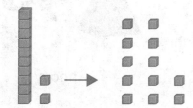

regroup To take apart a number to write it in a new way.

1 ten + 2 ones becomes 12 ones.

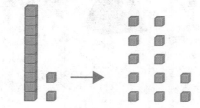

recta numérica Recta con marcas de números.

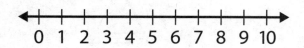

number line A line with number labels.

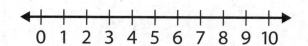

rectángulo Figura con cuatro lados y cuatro esquinas.

rectangle A shape with four sides and four corners.

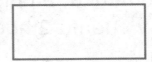

reloj analógico Reloj que usa una manecilla horaria y un minutero.

minutero → ← manecilla horaria

analog clock A clock that has an hour hand and a minute hand.

minute hand → ← hour hand

reloj digital Reloj que usa solo números para mostrar la hora.

digital clock A clock that uses only numbers to show time.

restar (resta) Eliminar, quitar, separar o hallar la diferencia entre dos conjuntos. Lo opuesto de la suma.

$$4 - 1 = 3$$

subtract (subtraction) To take away, take apart, separate, or find the difference between two sets. The opposite of addition.

$$4 - 1 = 3$$

seguir contando (o contar hacia delante) En una recta numérica, empieza en el 4 y cuenta 2 hacia delante.

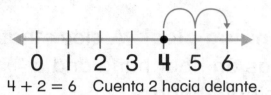

$4 + 2 = 6$ Cuenta 2 hacia delante.

count on (or count up) On a number line, start at the number 4 and count up 2.

$4 + 2 = 6$ Count on 2.

suma Resultado de la operación de sumar.

$$2 + 4 = 6$$

suma

sum The answer to an addition problem.

$$2 + 4 = 6$$

sum

sumandos Números o cantidades que se suman.

$$2 + 3$$

2 es un sumando y 3 es un sumando.

addend Any numbers or quantities being added together.

$$2 + 3$$

2 is an addend and 3 is an addend.

sumando que falta

$$9 + \underline{\hspace{1cm}} = 16$$

El sumando que falta es 7.

missing addend

$$9 + \underline{\hspace{1cm}} = 16$$

The missing addend is 7.

sumar (suma) Unir conjuntos para hallar el total o la suma.

$$2 + 5 = 7$$

add (addition) To join together sets to find the total or sum.

$$2 + 5 = 7$$

Tt

tabla de conteo Forma de ilustrar los datos recopilados usando marcas de conteo.

Alimentos favoritos	
Alimento	Votos
🍎	卌
🍌	|||
🥪	卌 |||

tally chart A way to show data collected using tally marks.

Favorite Foods	
Food	Votes
🍎	卌
🍌	|||
🥪	卌 |||

total La suma de dos partes.

whole The sum of two parts.

trapecio Figura de cuatro lados con solo dos lados opuestos que son paralelos.

trapezoid A four-sided plane shape with only two opposite sides that are parallel.

triángulo Figura con tres lados.

triangle A shape with three sides.

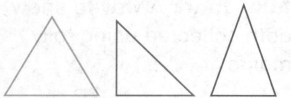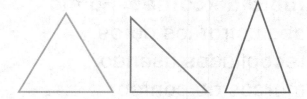

Uu

unidad Objeto que se usa para medir.

unit An object used to measure.

unidades Los números en el rango de 0 a 9. Es el valor posicional de un número.

ones The numbers in the range of 0–9. It is the place value of a number.

valor posicional Valor de un dígito según el lugar en el número.

place value The value given to a digit by its place in a number.

53

5 está en la posición de las decenas.
3 está en la posición de las unidades.

53

5 is in the tens place.
3 is in the ones place.

verdadero Algo que es cierto. Lo opuesto de falso.

true Something that is a fact. The opposite of false.

vértice

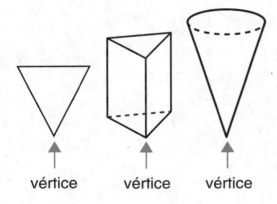

vértice   vértice   vértice

vertex

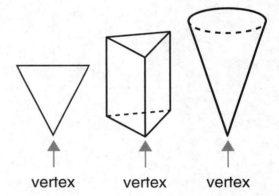

vertex   vertex   vertex

Tablero de trabajo 4: Rectas numéricas

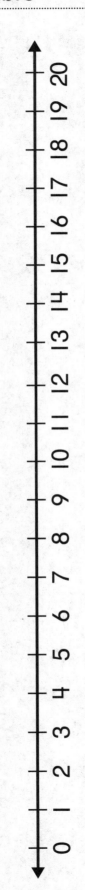

0 1 2 3 4 5 6 7 8 9 10 11 12 13 14 15 16 17 18 19 20

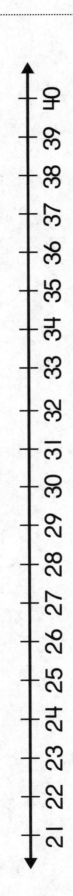

21 22 23 24 25 26 27 28 29 30 31 32 33 34 35 36 37 38 39 40

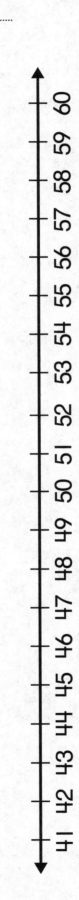

41 42 43 44 45 46 47 48 49 50 51 52 53 54 55 56 57 58 59 60

Tablero de trabajo 5: Rectas numéricas

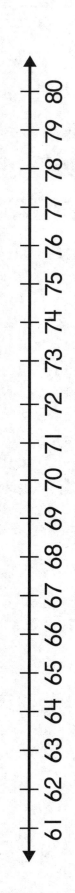

61 62 63 64 65 66 67 68 69 70 71 72 73 74 75 76 77 78 79 80

81 82 83 84 85 86 87 88 89 90 91 92 93 94 95 96 97 98 99 100

101 102 103 104 105 106 107 108 109 110 111 112 113 114 115 116 117 118 119 120

Tablero de trabajo 6: Cuadrícula

Tablero de trabajo 7: Tabla de decenas y unidades

Decenas	Unidades

Tablero de trabajo 7: Tabla de decenas y unidades